3D地形図で歩く日本の活断層

柴山元彦
Motohiko Shibayama

創元社

凡例

一、本書掲載の3D地形図、平面地形図は、国土地理院長の承認を得て、同院発行の電子地形図(タイル)を複製したものである。(承認番号　平28情複、第227号)

一、本書掲載の1:25,000都市圏活断層図は以下の図幅の一部を使用した。
7頁、87頁:岡田篤正・今泉俊文・熊原康博・千田昇・東郷正美・中田高、平成17年「敦賀」(国土地理院技術資料「D1-No.449」)
106頁:中田高・岡田篤正・鈴木康弘・渡辺満久・池田安隆、平成8年「大阪西北部」(国土地理院技術資料「D1-No.333」)
147頁:岡田篤正・千田昇・中田高、平成8年「粉河」(国土地理院技術資料「D1-No.333」)
184頁:中田高・後藤秀昭・岡田篤正・堤浩之・丹羽俊二、平成10年「西条」(国土地理院技術資料「D1-No.355」)

一、本書掲載の地質図および16〜17、185、203頁の活断層図は、産業技術総合研究所地質調査総合センター「20万分の1日本シームレス地質図」をもとに著者が作成した。
産総研地質調査総合センター、20万分の1日本シームレス地質図
https://gbank.gsj.jp/seamless/
クリエイティブ・コモンズ・ライセンス表示 2.1
http://creativecommons.org/licenses/by/2.1/jp/

一、上記以外のイラスト化した地図や写真については、特に断りがないかぎり著者が撮影・作成した。

一、断層名や地名に関しては原則として各章の初出にふりがなをふった。ただし都道府県およびそれと同一の都市名については一般によく知られていると判断して割愛した。

一、本文中の略称は以下のとおり。
産総研:産業技術総合研究所
M:マグニチュード
IC:インターチェンジ
SA:サービスエリア
PA:パーキングエリア
JC:ジャンクション

一、本書に記載した情報は2016年5月現在のものである。

はじめに

　日本の美しい自然の風景には、多くの山々と深い渓谷を擁し、いっぽう平地は少ないという地形的な特徴が深く関わっている。こうした地形を作りだした大きな要因は、大地のエネルギーである。大地の活動は地震や火山の噴火などにあらわれ、その痕跡は、カルデラや断層地形などとして大地に刻まれている。

　1995年の兵庫県南部地震で野島断層が地表に現れてから、「活断層」という専門用語が広く知られるようになった。その後活断層の実地調査が精力的に行われ、その多くは精度の高い地形図上に位置を示して公表されている。

　しかしその割には、活断層がどういうもので、どのような影響があるのかはあまり知られていない。むしろ地震を引き起こす怖いものであるかのように思われていることも多い。活断層について全く知らない方、何となく不安に思っている方にも、その仕組みや特徴、私たちの生活との関わりを分かりやすく解説したいと思い、本書を執筆した。

　断層周辺には特徴的な地形が現れやすいため、地形は活断層を探す手がかりの一つとして以前から利用されている。幸いにも日本では等高線が描かれた地形図が公表されていて、誰もが印刷紙やインターネットで簡単に地形図を見ることができる。

　これらの資料を利用して、本書では、日本全国から断層地形が比較的分かりやすい34の活断層を選び出し、3D地形図を中心にさまざまな地図やイラストを組み合わせて、くわしく解説している。また、私が実際にこれらの断層を訪ねた時のアクセス方法や、断層地形を観察しやすい場所、断層に関わる観光地なども載せたので、ガイドブックとしても使えると思う。

　本書を片手に活断層をめぐる旅に出かけ、私たちの生活とは切っても切れない活断層の存在をぜひ実感していただきたい。

柴山元彦

もくじ Contents

はじめに 3
本書の見かた 6

活断層ってなんだろう？ 8

- 01 泉郷断層（北海道／石狩低地東縁断層帯）..................... 18
- 02 青森湾西断層（青森県／青森湾西岸断層帯）..................... 22
- 03 寒河江−山辺断層（山形県／山形盆地西縁断層帯）..................... 26
- 04 観音寺断層（山形県／庄内平野東縁断層帯）..................... 30
- 05 棚倉西・東断層（茨城県／棚倉構造帯）..................... 34
- 06 丹那断層（静岡県／北伊豆断層帯）..................... 40
- 07 静岡−小淵沢断層（静岡県／糸魚川−静岡構造線）..................... 46
- 08 糸魚川−静岡断層（新潟県／糸魚川−静岡構造線）..................... 52
- 09 赤石断層（長野県／中央構造線）..................... 56
- 10 跡津川断層（岐阜県／跡津川断層帯）..................... 62
- 11 阿寺断層（岐阜県／阿寺断層帯）..................... 68
- 12 根尾谷断層（岐阜県／濃尾断層帯）..................... 74
- 13 養老断層（岐阜県／養老−桑名断層帯）..................... 80
- 14 柳ヶ瀬断層（滋賀県／柳ヶ瀬断層帯）..................... 84
- 15 比良断層（滋賀県／琵琶湖西岸断層帯）..................... 90
- 16 花折断層（滋賀県〜京都府／花折断層帯）..................... 96
- 17 五月丘断層（大阪府／有馬−高槻断層帯）..................... 102
- 18 生駒断層（大阪府／生駒断層帯）..................... 108
- 19 上町断層（大阪府／上町断層帯）..................... 112
- 20 諏訪山断層（兵庫県／六甲−淡路島断層帯）..................... 118
- 21 安富・土万・大原断層（兵庫県／山崎断層帯）..................... 124

22	伊賀断層（三重県／木津川断層帯）	132
23	多気断層（三重県／中央構造線）	136
24	根来断層（和歌山県／中央構造線）	142
25	池田断層（徳島県／中央構造線）	148
26	石鎚断層（愛媛県／中央構造線）	154
27	長者ヶ原断層（広島県／長者ヶ原−芳井断層帯）	160
28	筒賀断層（広島県／筒賀断層帯）	166
29	大竹断層（広島県／大竹−岩国断層帯）	172
30	菊川断層（山口県／菊川断層帯）	176
31	西山断層（福岡県／西山断層帯）	182
32	日奈久断層（熊本県／日奈久断層帯）	186
33	人吉断層（熊本県／人吉盆地南縁断層帯）	194
34	鹿児島湾東縁・西縁断層（鹿児島県／鹿児島湾東縁・西縁断層帯）	198

COLUMN

世界の断層1　チュルンプ断層（台湾） ……………………… 51
世界の断層2　ヤンサン断層（韓国） ……………………… 89
世界の断層3　スマトラ断層（インドネシア） ……………………… 95
断層のふしぎ1　中央構造線の謎 ……………………… 159
世界の断層4　パル断層（インドネシア） ……………………… 165
世界の断層5　ギャオ（アイスランド） ……………………… 171
断層のふしぎ2　世界に延びるフォッサマグナ ……………………… 181

掲載活断層一覧 ……………………… 203
おわりに ……………………… 206
参考文献・ウェブサイト ……………………… 207

本書の見かた

00 活断層名

活断層の位置を示す広域平面図

❶ 3D地形図で示した主な地域
❷ 活断層の長さ
❸ 所属する断層帯（長さ）
❹ 断層の種類
❺ 断層のずれの向き
❻ 平均的なずれの速度
❼ 3D比率（水平：垂直）

3D地形図 断層周辺の地形を3Dで示したものです。活断層の通り道は紫色の線で示しています。
活断層の走り方と地形との関係に注目してください。

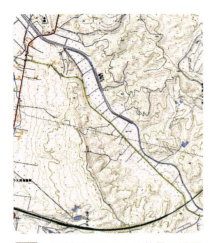

平面地形図 3D地形図で示した範囲の平面図です。立体的な地形が平面でどのように表されるのか見比べましょう。
慣れれば平面地形図からも断層地形は読み取れますので、活断層を示す線は引いていません。

地質図 3D・平面地形図で示した範囲の地質図（地質の年代や種類によって色分けされた地図）です。活断層の周辺で地質に違いがあるかに注目してください。
地質図の配色については産総研地質調査総合センターのシームレス地質図凡例（https://gbank.gsj.jp/seamless/legend.html）をご覧ください。

都市圏活断層図 活断層と、第四紀後期（数十万年前〜現在まで）の地形を示した図で、本書でも活断層によっては解説に利用しています。

各図の出典については凡例（2頁）をご覧ください。

活断層ってなんだろう？

断層と割れ目（節理）の違い

地面や岩にできた規則的な割れ目を**節理**という。この割れ目の面（**断層面**）を境にして両側の岩石や地層にずれが生じていると、**断層**と呼ばれる。

割れていても、節理の両側は同じ地層だが、断層の場合は、ずれのため地層が食い違って、断層面の両側に異なる時期にできた地層や岩石が隣り合うことになる。

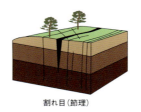
割れ目（節理）

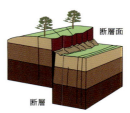
断層

活断層と断層の違い

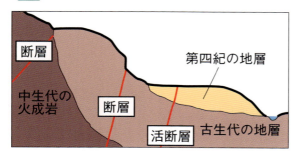

では、**活断層**は他の断層とどう違うのだろう。

活断層の近年の定義は「第四紀（260万年前～現在）に繰り返し活動があったか、将来も活動する可能性がある断層」とされている。

「活動」とは地殻変動、いわば地震である。断層は、かつてそこで地面がずれるような地震が起きたということを示している。したがって断層は「地震の化石」と言ってもいいだろう。

日本列島は地殻変動の多い地帯にあるため、第四紀以前の岩石や地層にもたくさんの断層が見つかっていて、地質図を見れば、その分布を知ることができる。

活断層ってなんだろう？

 ## いろいろな断層

断層には、河原の石に見られるナイフで切ったような小さな断層（A）、山の崖に見られる断層（B、C、D）、破砕帯（断層周辺の岩が砕けた部分）を伴う幅のある断層（C、F）、地面に掘った溝（トレンチ）にあらわれる断層（E）、地形に影響を及ぼすほどの巨大な断層など、1cm単位から1000km規模まで様々な大きさがある。

しかしいずれも、地層や岩石が、断層を挟んで上下方向や水平方向にずれてできたものである。

A 河原の石（縦15cm）にみられる微小断層／B 崖に見られる断層1／C 崖に見られる断層2。黄線の間が断層で、幅約1m（矢印）の割れ目に断層粘土が詰まっている／D 断層がいくつも分布する崖／E 上下に6mずれた断層（トレンチした断面）／F 中央の断層の両側に破砕帯を伴う大断層（柵の高さは約1m）

断層のいろいろな型

　地殻変動によって一方の大地がずり下がった断層を**正断層**、せり上がったものを**逆断層**、水平方向にずれたものを**横ずれ断層**という。

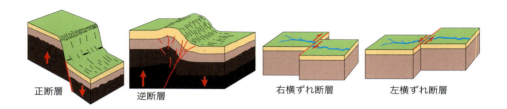

　どの型の断層ができるかは、地殻変動で大地にどのような力が加わったかによって決まる。

　大地が圧縮されると、その力を開放するときに岩石が割れ、逆断層のような形で割れ目が入る。逆に大地が両側に引っ張られると（引張）、正断層のような割れ目ができる。また横ずれ断層は、水平方向に圧縮の力が、それと直角方向に引張の力が起きると、水平に割れ目ができてずれたものである。

　このように、断層は大地に何らかの力が加わった証なのである。

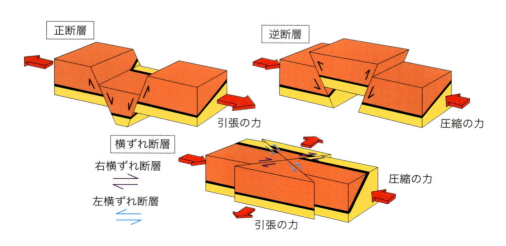

断層の大きさ

　断層の大きさは、地表面の割れ目がどれくらい長いかと、断層面が地下にどれくらい広がっているかで表される。断層面の面積が大きければ大きいほど、その断層を造った地震の規模も大きかったということである。

　ただ、陸のプレート内では、断層面の地下への広がりはせいぜい深さ15kmくらいまでなので、割れ目が長いほど断層が大きいともいえる。

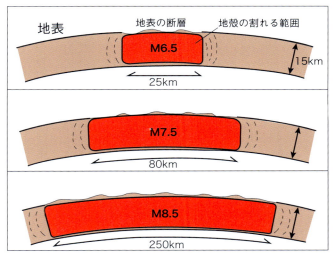

▲断層面（赤色の部分）の大きさと地震の規模M（マグニチュード）との関係。

断層が活動した時期

　比較的最近（数万年前〜）の地震でできた地震断層は、その活動時期がほぼ特定できる。例えば歴史的資料の残っている時代なら、古文書などに記録が残っていることがある。それより古い場合にも、断層周辺の地質調査やトレンチ（溝）の断面にみられる地質構造や炭質物などで地層の年代を割り出し、その地層を断層が切っている（ずれを生じさせている）かなどを調べて、断層の活動時期を推定することができる。

しかし、ひとつの地層が堆積するには数千年〜数万年の時間がかかる。その間に何回断層が活動したかが分かれば、断層活動の平均周期がわかるが、地層の堆積年代は幅が広いため、あくまで平均値でしかない。

　これまでの日本の内陸地震は、おおよそ1000〜数万年の間隔で活動すると考えられているので、断層活動もこの間隔で変位を起こしていると思われる。

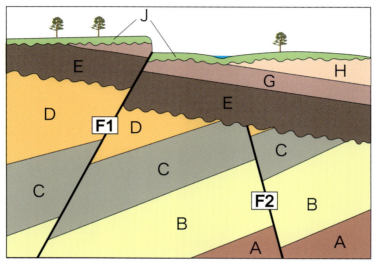

F1、F2：断層／A〜D：約1億年前の地層
E、G、H：2000万年前の地層／J：20万年前の堆積層

　図のような地質断面を想定して、断層F1、F2の活動時期を見てみよう。断層F2を境に地層A〜Dにはずれが見られるが、Eは切れていないことから、断層F2の活動時期は、1億年前の地層A〜Dの堆積後、2000万年前の地層Eが堆積する以前であることがわかる。

　一方、断層F1の活動時期はJの20万年前の堆積層をも切っているので、それより以降に活動したことがわかる。

　これらの地層群のうち、第四紀の地層はJだけである。活断層は「第四紀に活動した」と定義されているので、この図ではF1が活断層になる。

断層の平均変位速度

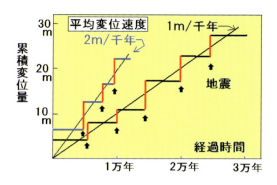

日本のほとんどの断層は逆断層か横ずれ断層、あるいはその2つが合わさったものである。正断層は九州の中部や南部に見られるのみである（ただし、東北太平洋沖地震の余震で正断層が現れた例がある）。

断層によって両側の地層や岩石がどれだけずれたかを**変位**という。まず、地形・地質調査やトレンチ調査（溝を掘って地層などを観察する調査）などを行って地層や岩石の年代を推定する。さらにその年代に地層や地形が断層によってどれくらいの量で変位したかが分かれば、平均変位速度を割り出せる。

平均変位速度は普通「m/千年」で表し、この値が大きいほど、断層の活動が活発であるといえる。ただしこの値も平均値であるため、たとえば1m/千年という値だったとしても、毎年少しずつ変位して1000年かかって1mずれたというわけではない。ふだんは静止しているが、地震ごとに急に変位する（上図）というような動きである。

断層でできる主な地形

断層が活動することによって、地表面にさまざまな地形が現れる。山地から伸びた小尾根が断層によって切られると、切り離された尾根の端が浸食されて三角形の面（**三角末端面**）になる（次頁の写真A）。

また山地のふもとに断層があると、山地から流れ出た川が断層に沿って曲がり、屈曲した流路が断層によっていくつも並ぶ地形になる（B）。

山地や尾根が断層によって切られ、断層部分が浸食されてできた谷地形は**ケルンコル**といい、切られた残りの小高い山は**ケルンバット**と呼ばれる（C、D）。

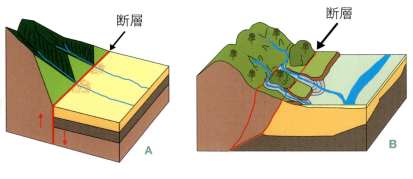

A 三角末端面と直線状の山すそ／**B** 河川の屈曲（図は右横ずれ）／**C** 左上から続く尾根が断層で途切れた中央の谷がケルンコル、右の小高い山がケルンバット／**D** 断層によってできた直線状のＶ字谷

断層と災害

　先述したように、断層は地震が起きた時にできる。地震によって地表に現れた断層は、**地表地震断層**と呼ばれている。地表まで達しないで地下にできた断層は、**震源断層**と呼ばれる。

　断層が地表に現れると、地表面に段差や水平方向のずれが生じるため、その上にある建物などの構造物は被害を受ける。ただし実際には、断層による段差やずれの被害より、地震動、つまり地震の揺れによる被害のほうが大きい。特に地盤が柔らかいところなどに被害が集中する。

活断層ってなんだろう？

◀ 兵庫県南部地震で生じた右横ずれの野島断層（黄線）で、本来はまっすぐに続いていた建物や塀、畑の畝が右にずれている。

　地下の構造物も断層によって変形することがある。例えば1930年の北伊豆地震では、丹那断層によって掘削中の丹那トンネルにずれが生じた。また1978年の伊豆大島近海地震でも、稲取大峰山断層が伊豆急稲取トンネル中央部を変形・破壊した例がある。

断層の恵み

　こんにち日本の地形に見られる凹凸は、第四紀の地殻変動によって作られている。つまり、いま私たちが見ている各地の風光明媚な風景の多くは、断層活動の結果なのである。また私たちの生活空間である盆地や海岸段丘や河岸段丘、海岸低地などの平地も、断層が作り出したといえる。

　さらに、断層によってできた直線の谷は、最短距離で集落間を結ぶ、凹凸の少ない街道として発達した。現在でも、高速道路の多くがこの地形を利用している。

　日本人の大好きな温泉も、地下深くから断層に沿って上

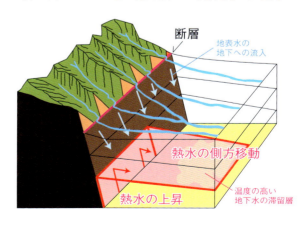

がってきた温度の高い地下水であることが少なくない。温泉探査はまず断層の場所を探すことから始めるほどだ。近くに火山がないのに温泉があるところは、この断層による場合が多い。

また、名水と言われる地下水が湧き出ているところも、断層の割れ目に沿って地下水が流れてくることによる場合がある。

活断層の影響は私たちの生活と切り離せないのである。

日本の主要活断層分布

日本は世界でも有数の、活断層や断層が多い国である。これまで「日本の活断層―分布図と資料」（東京大学出版会、1980年）および「新編日本の活断層―分布図と資料」（同、1991年）に詳しく分布が記載されてきた。

その後、兵庫県南部地震をきっかけとして活断層研究が急速に進み、多くの活断層について詳細な調査が行われた。それらの結果は、地震調査推進本部のホームページに、断層ごとに詳しく報告されている。

また、活断層の位置を地形図上に示した都市圏活断層図も国土地理院から発行された。産総研地質調査総合センターのホームページでは、右図のようにシームレス地質図中に各活断層ごとにデータが表示されるようになり、現在は以前にくらべ、活断層の分布やその資料をより手軽に調べられるようになっている。

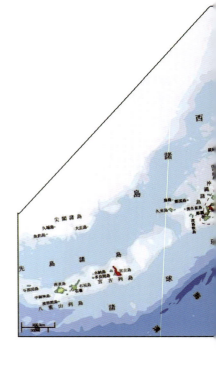

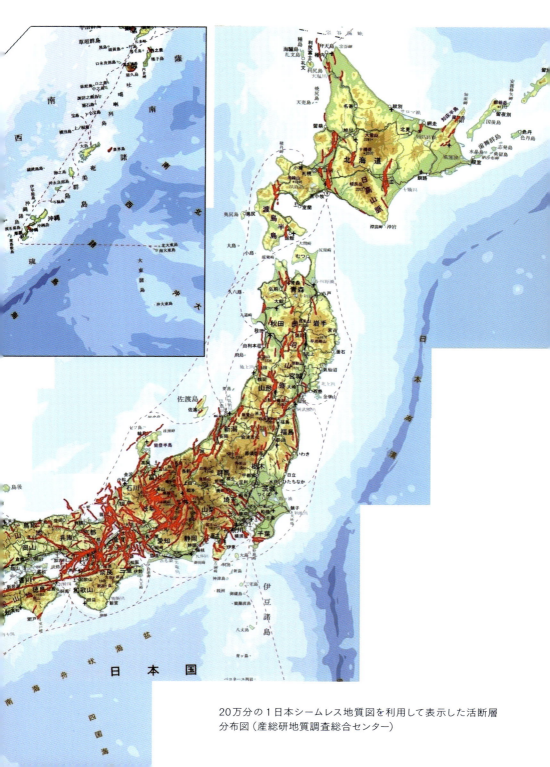

20万分の1日本シームレス地質図を利用して表示した活断層分布図（産総研地質調査総合センター）

ACTIVE FAULTS 01 — 北海道誕生の痕跡

泉郷(いずみさと)断層

- ❶ 北海道千歳(ちとせ)市
- ❷ 約7km
- ❸ 石狩低地東縁断層帯主部（約66km）
- ❹ 逆断層
- ❺ 東側が隆起
- ❻ 0.4m／千年以上
- ❼ 1：2

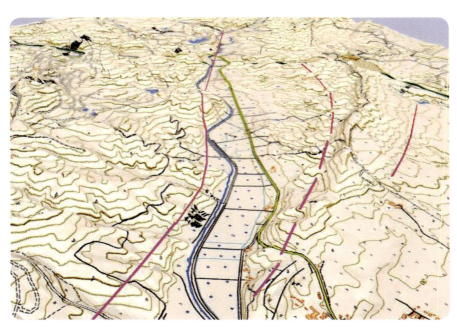

 3D地形図　左の直線が南長沼断層、右の点線が泉郷断層。

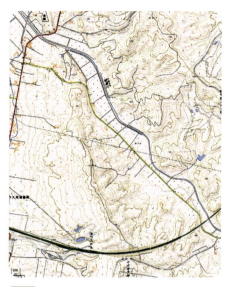

平面
地形図

地質図　紫の線が断層。

北海道地質百選に選ばれた低断層崖

　千歳市泉郷を通る国道337号と嶮淵川の交わる少し南で県道226号に入り、東に進む。しばらく行くと泉郷東部会館があるが、その付近から西側に小高い丘陵の崖が見える。これが断層崖で、その麓の傾斜が少し緩やかになった付近を**泉郷断層**が通っている。

　泉郷断層は東側が落ちた逆断層で、高低差が少ないにもかかわらず地形に現れていることから、この地形は北海道地質百選に選ばれている。

▶ 泉郷断層や南長沼断層の属する石狩低地東縁断層帯（赤線）。

また、反対側の東を見ると、嶮淵川の向こうに少し高い丘陵が見える。こちらにも、丘陵の麓と川の間を**南長沼断層**が通っている。
　これらの断層は**石狩低地東縁断層帯**に所属している。石狩低地東縁断層帯は美唄付近から早来付近まで南北に約66kmも延びた活断層帯である。

▲丘陵の麓が南長沼断層。みごとな直線状地形を造っている。

2つの断層が川を造る

　嶮淵川は、2つの断層に挟まれた谷の間を流れている。谷の西側には泉郷断層、谷の東側には南長沼断層が通っていて、いずれの断層もこの谷間を低くするような垂直方向の活動をしている。

▲東西の模式断面図。

　谷の西側の丘陵は、逆断層を造るような形で泉郷断層ができた時に、西から東方向へ盛り上がった丘陵である。
　一方、南長沼断層は低角度の断層（スラスト）で、東側から西方向へ大地を押し上げ、この谷の東の丘陵を造った。

衝突合体してできた北海道

　泉郷断層や南長沼断層が逆断層として生まれたのは、北海道がどのようにしてできたかと大きく関係している。

　これらの断層群を含む石狩低地東縁断層帯は、北海道のほぼ中央を南北に延びる日高山脈の西側に、平行して存在する（19頁下図参照）。

　日高山脈の東側（**東北海道**）は国後島や択捉島などのある東西方向に地層や岩石が分布する地質構造であるのに対し、西側（**西北海道**）は、東北地方に見られる南北方向の地質構造の延長部分である。

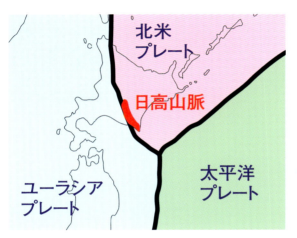

◀約1300万年前のプレート分布。現在はプレートの移動により、北海道は全て北米プレート上にある。

　約1300万年前、北米プレートとユーラシアプレートの境界がちょうど北海道の中央に存在し、第四紀に東北海道が移動して西北海道と衝突した時に、プレートの上半分がめくれあがって地殻を押し上げ、日高山脈となった。

　また、この時の東西方向の圧縮の力で、南北方向の逆断層が平行にいくつもできた。その一部が石狩低地東縁断層帯なのである。

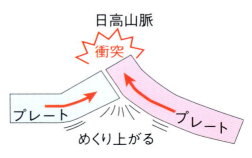

ACTIVE FAULTS 02

北海道新幹線と並走する

青森湾西断層
（あおもりわんにし）

- ① 青森県青森市
- ② 約18km
- ③ 青森湾西岸断層帯（約31km）
- ④ 逆断層
- ⑤ 西側が隆起
- ⑥ 0.8m／千年
- ⑦ 1：3

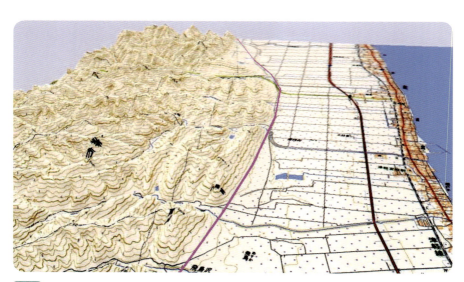

3D地形図 南から北方向を見る。山地と低地の境界付近が断層の通り道。

02 ― 青森湾西断層

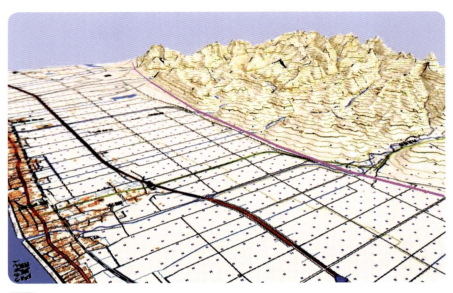

3D 地形図 北東から南西方向を見る。手前の赤線は国道280号バイパス。

平面 地形図

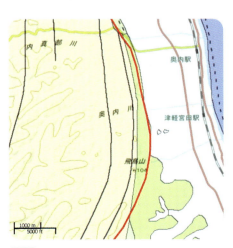

地質図 赤線は青森湾西断層。

北海道新幹線と青森湾西断層

　青森駅から津軽線に乗り北へ向かうと、左側の窓から北海道新幹線の高架橋が平行して延びているのが見える。やがてその高架橋の向こうに、同じく平行して続く小高い山並みが現れる。

　津軽宮田駅で降りてみよう。駅から西へ歩いていくと、先ほど車窓から見えた新幹線の高架橋と丘陵のような山並みが、前方に現れる。手前には田畑が開け、見渡しのいい景色が広がっている。

　この山並みのすそ野は、南北にほぼ直線状に続いており、その低地と丘陵地の地形の変わり目に、**青森湾西断層**が通っている。したがって断層は新幹線の高架橋のやや西を、ほぼ平行に伸びていることになる。

▲ 丘陵と低地の境界付近を断層が通る。それに平行する北海道新幹線の高架橋。

断層で川が同じ方向に曲がる

　そこから新幹線の高架橋を越えさらに山に近づくと、奥内川が山際で大きく流路を変えているのに気づくだろう。谷から流れてきたこの川は、低地に出るとすぐ流路を南にほぼ直角に変え、その後また東へ流路を変えて青森湾にそそいでいる。

　山際の道をさらに北へ行くと湯ノ沢があるが、これも同じような流路変更をしているし、さらにその北の内真部も同様である。

　これらの急な流路の変化はいずれも、青森湾西断層のところで川が右へずれることから起きている。このような地形から、この断層は西側が隆起し、さらに右横ずれを伴うことが推測できる。

◀ 断層（赤線）のところで3つの川が同じ方向に屈曲している。このことから断層は右横ずれを伴っていると思われる。

青森湾西断層

　この断層は、青森県津軽郡蓬田村から津軽山地と低地の境界を通って青森市にかけて伸び、延長は約18kmある。方向はほぼ南北であるが、青森湾側に湾曲している。

　地質調査などから、断層面は西傾斜で、断層の西側が東側に乗り上げた逆断層であると考えられている。

　だが、この断層が最近活動したかどうかは、現在のところ不明である。

ACTIVE FAULTS 03 気動車から眺める断層線

寒河江－山辺断層

① 山形県寒河江市
② 約13km
③ 山形盆地西縁断層帯（約60km）
④ 逆断層
⑤ 西側が隆起
⑥ 1m／千年
⑦ 1：3

3D地形図 南東から北西方向を見る。山際の赤線は国道458号。

03 ― 寒河江－山辺断層

3D 地形図 北から南方向を見る。

平面 地形図 最上川沿いに寒河江温泉がある。

地質図 赤線が寒河江－山辺断層。

JRフルーツラインでゆく寒河江－山辺断層

　JR山形駅からフルーツライン左沢線の気動車に乗り、寒河江方面に向かう。初めは山形盆地の中を北西方向に走るが、羽前山辺駅に来ると、盆地の西にそびえる白鷹山地が迫ってくる。列車はここから白鷹山地に沿って盆地の西縁を北上する。山地は進行方向左の車窓に見え、羽前金沢駅、羽前長崎駅を過ぎ寒河江駅まで同様の景色が続く。この山地のすそ野付近に、**山形盆地西縁断層帯**の一つである**寒河江－山辺断層**が通っている。

　実際の断層の位置は、図のように地形の急変場所より少し平野側を通っている。それは断層のすぐ西側に平行して、**向斜軸**（歪曲した地層の谷の部分）が通っているためと思われる。

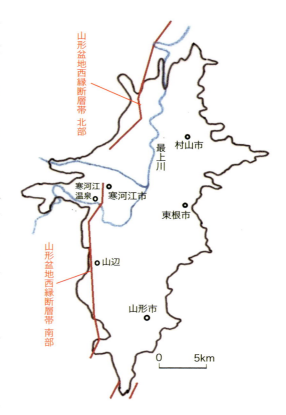

▲ 線で囲まれている範囲が山形盆地。

▲ 山地と盆地の境界付近が断層。

山形盆地

　山形盆地は南北に35km、東西に15kmの楕円型に延びた盆地である。最上川は寒河江市付近から盆地に入り、その中央を南から北へ蛇行しながら流れている。山形盆地西縁断層帯は、この最上川と平行に、盆地の西縁を通っている。
　盆地を挟む東西の山地内部は、**褶曲**（地層の歪曲。詳しくは次章）の山部分（**背斜**）にあたる地質構造をしているので、その間にある山形盆地は向斜構造の凹地となり、深いくぼみを形成する。さらに盆地西縁の断層は逆断層で西側の白鷹山地を上昇させている。

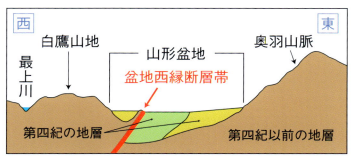

▲ 山形盆地西縁断層帯と直角方向の地質断面図。

寒河江温泉

　山形自動車道寒河江サービスエリア・スマートICを出たすぐのところに、寒河江温泉がある。寒河江温泉には8軒の宿があり、いずれも源泉かけ流しである。泉質はナトリウム塩化物・炭酸水素塩泉で、泉温は源泉で50度もある。擦り傷、やけど、慢性皮膚炎などの効能があり、その泉質から「美人の湯」とも呼ばれる。また最上川に面しており、月山、朝日連峰を臨む美しい自然景観を眺めることができる。
　温泉の位置を見ると、断層上やそのすぐ西側に位置している。前節の断面図でもわかるように、山形盆地西縁断層帯は西傾斜の逆断層なので、断層よりも西側で掘削すると、必ず断層面に行き当たる。すると、温度の高い地下水が断層などの割れ目に沿って、途中でいろいろな岩石成分を溶かし込みながら上昇してくる。これが地表に達して、温泉となるのである。

ACTIVE FAULTS 04

出羽丘陵は断層による大地のうねり

観音寺断層
(かんのんじ)

① 山形県酒田市(さかた)
② 約8km
③ 庄内平野東縁断層帯(しょうないへいやとうえんだんそうたい)
　（北部24km、南部17km）
④ 逆断層
⑤ 東側が隆起
⑥ 0.5 [南部] 〜 2m [北部] / 千年
⑦ 1 : 3

3D地形図 南西から北東方向を見る。山際の紫線が活断層、隣の赤線が国道465号。

04 観音寺断層

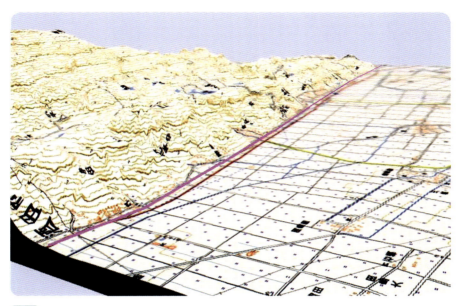

3D 地形図 北西から南東方向を見る。

平面 地形図 赤線は国道465号。

地質図 紫線が観音寺断層。

国道と断層

　JR酒田駅から羽越本線で東酒田駅方面の列車に乗る。東酒田駅付近に来ると広大な庄内平野が開けており、水田の広がりに、ここが米どころであることを実感する。

　水田の向こうには出羽丘陵が見える。100〜200mくらいのこんもりとした高まりである。次の砂越駅で降りて丘陵を見ると、そのすそ野が直線的であることがわかる。こうした地形は、断層の存在を暗示している。

　庄内平野は、最上川などの河川が運んだ土砂が堆積してできたデルタ性の低地である。西側は日本海に面し、北部には鳥海山、東部には出羽丘陵、南部は月山や羽越山地があり、山地が平野を囲んでいる。

　東部の出羽丘陵と平野との境界付近、南北の直線的なすそ野に沿って、国道465号が走っている。これとほぼ同じルートに**庄内平野東縁断層帯**の一つである**観音寺断層**が通っている。

▲ 砂越駅付近から見た出羽丘陵。低地との直線状の境界線が断層。

出羽丘陵の活褶曲

　前章の寒河江－山辺断層のそばにも、地層が波打つように曲がっている地形があったが、このような構造を**褶曲**と呼ぶ。地層の歪曲のうち、尾根状に盛りあがった部分を**背斜**、谷状の部分を**向斜**と呼び、それぞれが伸びている方向を**軸**という。

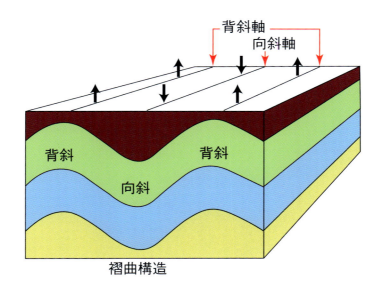

褶曲構造

　出羽丘陵も、その西縁にある観音寺断層も、ともに南北方向に延びているが、これらの内部では地層が背斜構造をしており、その背斜軸も南北方向である。さらに、褶曲が現在でも進行しているものを**活褶曲**という。この場合、背斜にあたる地表面はいっそう盛り上がり、向斜にあたる地表面はますますくぼんでいく。出羽丘陵はまさにこの活褶曲の背斜部分にあたる。

　このような活褶曲は、地下にある東西圧縮による下図のような断層の活動に起因しており、観音寺断層もその一つである。

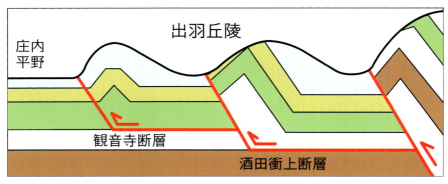

▲ 庄内平野東縁断層帯の構造を模式的に表したもの。

西南日本と東北日本を分ける
棚倉西・東断層

① 茨城県常陸太田市ほか
② 西：約25km以上／東：約20km
③ 棚倉構造帯（約240km以上）
④ 西：左横ずれ断層
　東：逆断層
⑤ 西：西側が隆起
　東：東側が隆起
⑥ ―
⑦ 1：2

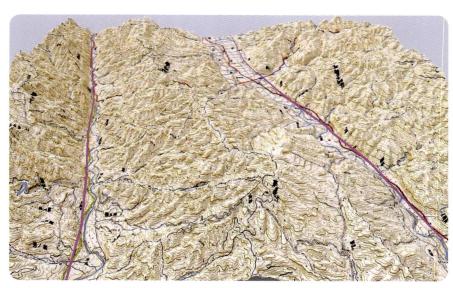

3D地形図 南から北方向を見る。左の溝が棚倉西断層、右の溝が棚倉東断層。2つの断層に挟まれた部分が棚倉構造帯。

05 棚倉西・東断層

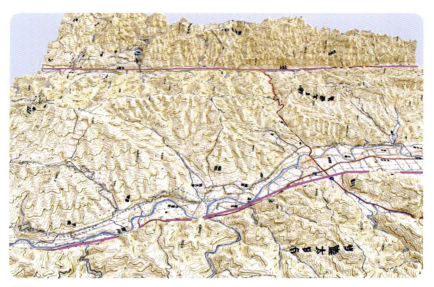

3D地形図 東から西方向を見る。手前が東断層、奥の溝が西断層。

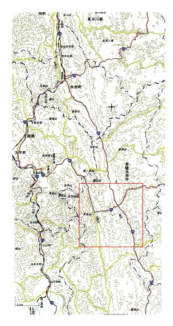

 平面地形図 ◀ 棚倉構造帯周辺。赤枠内が3D地形図形図で示した範囲。

地質図 ▶ 中央2本の赤線が棚倉西・東断層。

JR水郡線で行く棚倉構造帯

　JR郡山駅で茨城県水戸市と福島県郡山市を結ぶ水郡線に乗ると、**磐城棚倉**駅付近から、列車は山地山麓の間を走っていく。この谷間が、**棚倉西断層**である。**磐城石井**駅を過ぎたころから**東館**駅までは谷幅が少し狭まり、進行方向右側の車窓から、斜面の断層地形がよく見える。東館駅を過ぎると線路は西に大きく曲がり、この断層の谷からは外れていく。

　福島県棚倉町から茨城県常陸太田市にかけて、2列の直線状の溝が東西に並んでいる。西の溝が棚倉西断層、東の溝が**棚倉東断層**である。2つの断層に挟まれた地域は、複雑に地層が入り組むなどして岩石が砕かれた**破砕帯**で、**棚倉構造帯**という。

▲ 棚倉西断層の断層崖。山田川と国道33号が平行に続いている。

　3D地形図で示した範囲は茨城県常陸太田市の**小菅**町、**大中**町付近で、断層地形がよく表れているところである。西断層に沿って山田川が流れ、それに平行して県道33号が走っているが、**上高倉**町以北では国道461号となり、常陸太田市の市境まで断層上の道が続くことになる。一方、東断層には里川が流れ、国道349号が通っている。こちらの谷は西断層の谷より広く、谷底を流れる川もやや蛇行し、谷の開削が進んでいる。そのため断層地形も少し薄れ

た感じがする。それでも北へ伸びる谷地形の連続性がよいので、福島県棚倉町まで追うことができる。

西南日本と東北日本の境界線

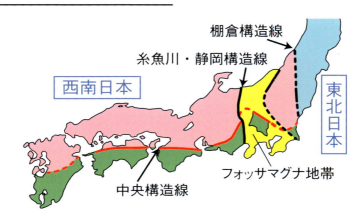

　本州の中央部、中部地方から関東地方にかけての地域を縦断する地溝帯を**フォッサマグナ**という。地質構造を見ると、フォッサマグナより西では、東西方向に延びた地層や岩石が、太平洋側から日本海側に向かって、生成年代が新しいものから古いものへときれいに並んでいる（四万十帯、三波川帯、領家帯、丹波・美濃帯、飛騨帯など）。この構造はフォッサマグナで屈曲するものの、全体の並び方はそのままで、棚倉西断層まで連続している。

　一方、破砕帯をはさんで棚倉東断層のすぐ東には阿武隈帯の花こう岩が分布している。さらに東には南部北上帯（古生代～中生代の堆積岩・花こう岩）や北部北上帯（中生代の堆積岩・花こう岩）が、ほぼ南北に配列している。

　つまり、棚倉構造帯を境に、その両側では地質構造が大きく異なっているのである。地質学では、棚倉構造帯より西側を**西南日本**、東側を**東北日本**と呼んでいる。

　したがってJR水郡線は、郡山駅～磐城棚倉駅手前付近までは東北日本を走り、磐城棚倉駅～東館駅までは棚倉西断層に沿って走り、東館駅を過ぎたころからは西南日本に入って、水戸駅まで行くことになる。

▲ 山地と平地の境界が棚倉西断層による谷間。中央をJR水郡線の黄と水色の列車が走る。

珍しい強アルカリ温泉

　棚倉構造帯には温泉がいくつかある。右の地形図に記したA～Dの点は温泉の場所で、Aは滝ノ沢温泉、Bはぬくもりの湯、Cは横川温泉、Dは大菅鉱泉である。これらの温泉はいずれも断層の近くで湧出している。

　滝ノ沢温泉（A）は弱アルカリ単純泉が自然湧出する温泉で、2軒の宿があったが、2016年現在はうち1軒のみが営業している。

　ぬくもりの湯（B）は単純硫黄泉で、pH10.1という全国的にも珍しい強アルカリ性の泉質である。ここでは日帰り温泉が利用できる。

　宝暦3年（1753）開湯という歴史ある横川温泉（C）は、ぬくもりの湯と同じく単純硫黄泉で強アルカリ性（pH10.1）。

　さらに大菅鉱泉（D）も単純硫黄泉、強アルカリ性の鉱泉（pH9～10）である。

　B、C、Dは同じ珍しい強アルカリ性の泉質で、しかも同じ東断層に属していることから、このような泉質の地下水が断層を伝って上昇してきたのではないかと思われる。

棚倉街道

　棚倉東断層には国道349号が南北に通っているが、この道はかつての**棚倉街道**で、古代には官道として、また戦国時代には軍事にも利用された。また、水戸城（茨城県水戸市）と棚倉城（福島県棚倉町）を結ぶ重要な街道でもあった。一方、棚倉西断層線に沿って走る県道33号は、**天下野街道**とも呼ばれている。

　これらの街道はいずれも、断層活動の影響で地表にできた地盤が弱い部分に沿って浸食がすすみ、河川の流路となった谷を利用している。このような谷は断層の直線性の影響でまっすぐな谷地形ができ、街を結ぶ最短距離となるので、街道として発達していった。

ACTIVE FAULTS 06

伊豆半島が本州に衝突して生まれた

丹那断層
（たんな）

① 静岡県田方郡函南町、伊豆の国市
② 約32km
③ 北伊豆断層帯（約70km）
④ 逆・左横ずれ断層
⑤ 東側に隆起
⑥ 2m／千年
⑦ 1：2

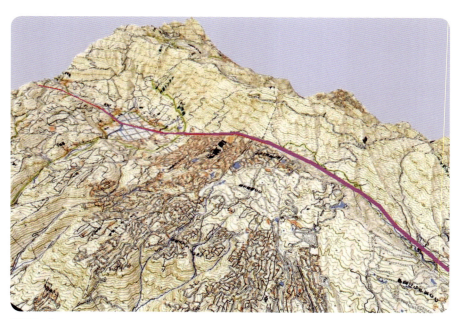

3D 地形図 南西から北東方向を見る。中央左の凹地が丹那盆地、その奥に南北にそびえるのが丹那山地。

06 丹那断層

3D 地形図 北から南方向を見る。

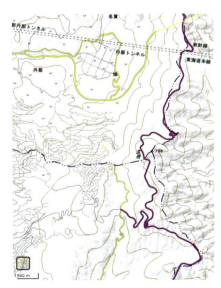

平面 地形図 紫の線は伊豆スカイライン。

地質図 中央の赤線が丹那断層。

丹那断層公園

　丹那山地の西斜面の下に、山地と平行して**丹那断層**が伸びている。この断層を横切る形で、JR東海道線函南駅と来宮駅の間に丹那トンネルがあり、その真上に丹那盆地がある。

　盆地では、断層は中央を南北に横断しているので地形的には分からないが、実際の断層活動を示す現象が、盆地の南東端に見られる。そこに設けられたのが、伊豆ジオパークの一つ、丹那断層公園である。

　この公園では国指定の天然記念物「丹那断層」を見ることができる。1930年11月26日に起きた北伊豆地震で丹那断層が活動し、最大2mを超える横ずれが起きた。この横ずれの影響（水路のずれなど）が公園内で観察できるほか、トレンチ（調査のために掘る溝）で地下の断層の状態を見学できるような施設も作られている。

　このトレンチ調査の結果、周辺では過去8000年間に9回の地震があり、丹那断層は1000年に1回程度の頻度で活動をしていたことがわかった。

　丹那断層沿いには丹那盆地のほかにも、田代盆地や浮橋盆地が南北に並び、これらの盆地を結ぶ直線状の長い谷がある。また、周辺の川の流れも、断層を境に大きくずれている（右図）。このことからも、この断層が過去何度も左横ずれを起こしていることがわかる。

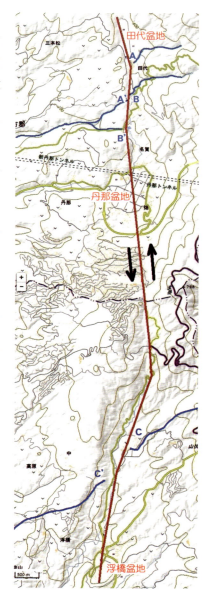

▲ 石積みの水路や円形の石列が断層（赤点線）で切られてずれている。　▲ トレンチで現れた地下の断層（黄線）。

丹那トンネル

　1930年に北伊豆地震が起きた当時、ちょうど丹那断層付近では、東海道本線・丹那トンネルの掘削が行われていた。

　もともと断層からは大量の地下水が噴出していたため、副トンネルを掘って水抜きを行っていたのだが、地震によって断層部分では副トンネルに2mもの横ずれが起き、掘削中のトンネルにも食い違いが生じてしまった。

　丹那トンネルの掘削はこのほかにも困難の連続で、開通までに16年を要した難工事であった。

▲ 丹那トンネル入り口（函南駅より）。

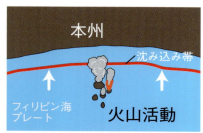
1000〜200万年前

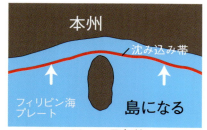
100〜60万年前

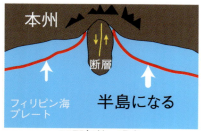
20万年前〜現在

伊豆半島の本州衝突が丹那断層を生んだ

　このような横ずれ断層の発生には、伊豆半島がどのようにしてできたかが関係している。

　もともと伊豆半島は半島ではなく独立した島であった。現在、小笠原諸島近くで西ノ島新島が火山活動によって新しく造られつつあるのと同様に、今から1000万年前、本州近くのフィリピン海プレート上で火山活動により数個の島が形成され、しだいに拡大して一つの大きな島となった。

　その島はプレートの移動とともに本州に接近し、沈み込み帯（2つのプレートが出会い、下方にあるプレートがマントルに沈み込む場所）では沈み込まず、そこを超えて本州に衝突した。

　この時、沈み込み帯は分断されたが、右（東）側の沈み込み帯への力が左（西）側より大きかったのか、半島の右半分がより強く本州に食い込むことになった。そのため、伊豆半島の右半分がより北へと移動する力が働き、左横ずれ断層となった。これが丹那断層である。

箱根火山は丹那断層が作った？

　丹那断層が北にどこまで続いているかは、箱根火山の溶岩などに覆われてはっきりわからない。しかし、箱根火山の北側には、丹那断層と同じ左横ずれ断層である平山断層が現れている。もしこの2つの断層が一連のものだとすれば、箱根山の陥没地形であるカルデラは、この一連の断層に起因する**プルアパー**

ト現象**でできたとも考えられる。

　プルアパートとは、折れ曲がった形の断層で横ずれ運動が続くと、屈曲部が引っ張られて陥没する現象である。

　箱根火山もこの陥没地形と関係する火山であると思われている。

◀ 箱根火山の北にある平山断層と南にある丹那断層はともに左横ずれ断層。

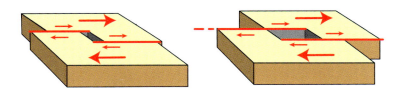

▲ 折れ曲がった断層で横ずれ運動が続くと、屈曲部に陥没地形（灰色部分）ができることがある。これをプルアパート現象という。

ACTIVE FAULTS 07

日本の中央を縦断する構造線の南端

静岡ー小淵沢断層

① 静岡県静岡市
② 約120km
③ 糸魚川ー静岡構造線（約300km）
④ 逆断層
⑤ 西側が隆起
⑥ ー
⑦ 1：2

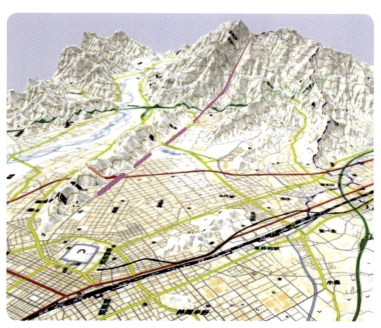

3D 地形図 南から北方向を見る。

07 静岡—小淵沢断層

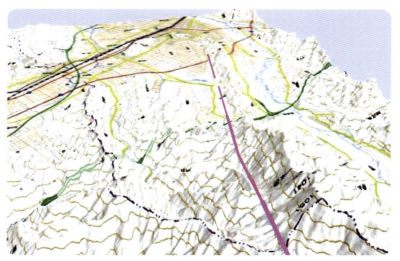

3D 地形図 北から南方向を見る。

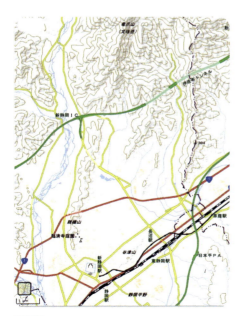

平面地形図

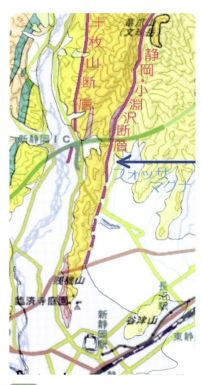

地質図

糸魚川－静岡構造線の南端

　JR名古屋駅から東海道線新幹線に乗って、静岡駅に着くすぐ前に安倍川の鉄橋を渡るが、その時左の車窓から奥に山地が見え、手前に賎機山が見える。この標高200mほどの小高い山並みの東斜面の麓に、**静岡－小淵沢断層**が通っている。

　この断層は**糸魚川－静岡構造線**の南端を構成する断層の1つで、山梨県小淵沢から静岡市羽高まで続く、延長約120kmもの大断層である。その南への延長は静岡の街中で消えており地表には見えないが、地下ではさらにその延長方向に延びているのだろう。

▶ 静岡－小淵沢断層（赤線）。黒枠が3D地形図で示した範囲。

断層沿いの麻機街道

　静岡駅の北にある駿府城跡の近くに安倍交差点があるが、ここで北西方向へ伸びる安倍街道（県道27号）と北へ伸びる**麻機街道**が分かれている。この麻機街道は、賎機山などの山並みの麓を通っているこの断層と、ほぼ同じ場所を並行して走っている。

　麻機街道は静岡－小淵沢断層の南端・羽高付近にある旧麻機村への街道であったことから、この名がつけられたが、旧村名は合併時に消え、街道名のほか小学校名などに一部残っているのみである。

48

▲ 賤機山などが連なる山並みの麓に断層が通っており、それに並行して麻機街道が通っている。

羽高の断層地形

断層の南端である羽高には、断層が通過していることがよく表れている地形が見られる。右図に赤い円で示した範囲では、断層によって尾根が切られたような地形になっている。いわゆる**ケルンコル**、**ケルンバット**と呼ばれる断層地形で、細くくびれた部分を断層が通っている（下図）。

断層の部分は岩石が破砕されて弱くなっているので、浸食されてこのような鞍部になる。

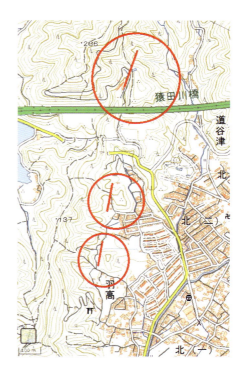

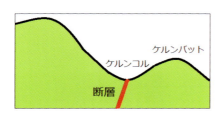

静岡－小淵沢断層とフォッサマグナ

　本州の中央には**フォッサマグナ**（中央地溝帯）と呼ばれる部分が存在する。大地溝帯とも呼ばれ、下図に示されるように、非常に幅が広い。溝状地帯の両側は古い時代の岩石（主に古生代や中生代）でできているが、フォッサマグナ地帯は新生代の新しい岩石でできている。

　静岡－小淵沢断層は以前、フォッサマグナ西縁の断層（糸魚川－静岡構造線）とされていたが、見延山地を構成している岩石は新第三紀の竜爪層群（主に安山岩）であるため、「西縁の断層は新第三紀より古い地層との境目を指す」と定義された場合は、この山地の西斜面を通る**十枚山構造線**（地質図参照）がフォッサマグナの西縁断層とされるだろう。

　フォッサマグナ地帯の真ん中には、南北に続く火山の列がある。北から新潟焼山、妙高山、黒姫山、八ヶ岳、富士山、箱根、天城山などである。これはフォッサマグナができる時、中央に断層ができ、その弱線に沿ってマグマが噴出してきたためと考えられている。

　また、関東山地が陥没したときに取り残された部分がフォッサマグナの東端にあたると考えると、フォッサマグナの範囲はさらに東、千葉まで含まれると思われる。

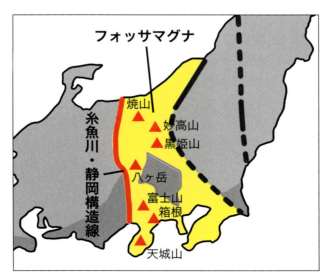

▲ 糸魚川－静岡構造線とフォッサマグナ。そのほぼ中央には火山が連なっている。

COLUMN 世界の断層 1

台湾 チュルンプ断層

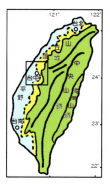 

赤線が集集地震で出現した地震断層。

　1999年9月21日に台湾中部の集集（チーチー）鎮付近を震源とするマグニチュード7.7（Mw）のチーチー地震が発生した。この時、台中市東方を南北に連なる山地の麓に、山地の連なりと同じ方向の地震断層が出現した。その延長は約60kmに及び、山地側が4～5m上昇する逆断層型であることから、フィリピン海プレートと大陸プレートの衝突による圧縮の力が加わったものと思われる。

　この地震断層は既存の車籠埔（チュルンプ）断層と重なるところが多い。地震に伴って地表面に明瞭な地震断層が現れることはあまりないが、この時の地震断層は規模が大きいもので、現在ではいくつかの場所でその状態を保存して後世に伝えようとしている。

霧峰付近にある光復中学校のグランドに出現した断層の崖。

日本を縦断する大断層

糸魚川－静岡断層

① 新潟県糸魚川
② 約20km
③ 糸魚川－静岡断層構造線（約300km）
④ 逆断層
⑤ 西側が隆起
⑥ －
⑦ 1：2

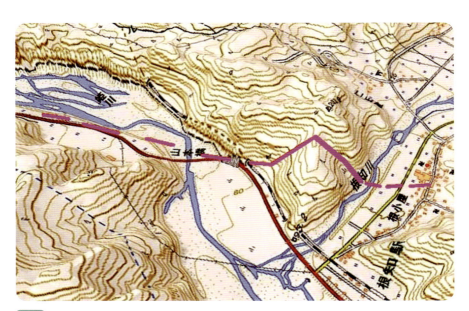

3D地形図 南西から北東方向に見る。赤線は国道148号。

08 ― 糸魚川―静岡断層

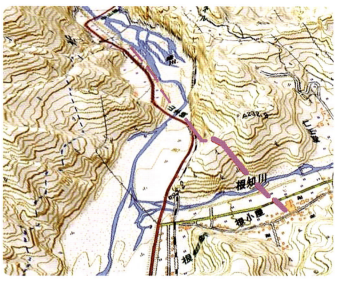

3D 地形図 南から北方向を見る。

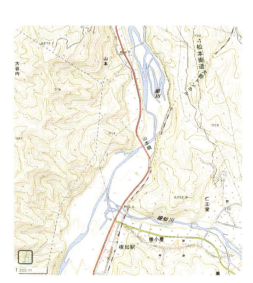

平面 地形図

地質図 下方の赤線が糸魚川―静岡断層。

断層を観察できる崖

　糸魚川－静岡断層は根知川と姫川の合流点の右岸にある小高い山を通っており、232.9 mの山頂から南西方向に延びる稜線の標高約190 mのところを横断している。

　この尾根から北の方へ延長すると、JR大糸線のトンネル入り口付近の急な崖を経て姫川に入り、対岸の河岸段丘の崖へと続く。

　JR大糸線根知駅で降り、姫川や大糸線に沿った国道148号（**糸魚川街道**）を北に向かうとすぐ、根知川が姫川に合流するところに出る。

　また根知川にかかる橋を渡ると、フォッサマグナパークの説明板と、上流へ続く細い小道がある。これを300 mほど行ったところに、人工的に削り出した崖でフォッサマグナ断層を見ることができる。

　断層の南への延長は根知川を越え向かいの山の谷へと続く。この断層を境に、西側がユーラシアプレート上の西南日本、東側が北アメリカプレート上の東北日本となる。

▲ 東西を分ける白線が糸魚川－静岡断層。

▲ 手前の白点線が断層線。根知川を越えて対岸の山へと続く。

フォッサマグナ西端の断層

　この断層が南は静岡まで続き、**糸魚川－静岡構造線**と呼ばれてフォッサマグナの西縁をなすことは前章でも述べたが、ここではあらためてその道のりを見ていこう。

　糸魚川に端を発する断層は、姫川やJR大糸線に沿って上流へと延び（一部外れるが）、長野県に入ると青木湖や木崎湖のほとりを経て、松本盆地の西縁を通り、諏訪湖に至る。諏訪湖から甲府盆地西縁まで延び、この付近から身延山地に沿いさらに安倍川に沿って静岡に出る。

　このように、日本海岸から太平洋岸まで日本列島を縦断する大断層である。

▲ 糸魚川（手前）から静岡（奥）まで。

▲ 糸魚川（奥）から青木湖、木崎湖（手前）。

▲ 松本盆地（奥）から諏訪湖、甲府盆地（手前）。

▲ 身延山地（奥）から静岡（手前）。

ACTIVE FAULTS

09 不思議な塩泉が日本列島の地下の謎を解く⁉

赤石(あかいし)断層

1. 長野県大鹿(おおじか)村
2. 約53km
3. 中央構造線(ちゅうおうこうぞうせん)（1000km以上）
4. 右横ずれ断層
5. —
6. —
7. 1：2

3D 地形図 南から北方向を見る。谷の右の山々は赤石山脈、左の山並みは伊那山地。

09 赤石断層

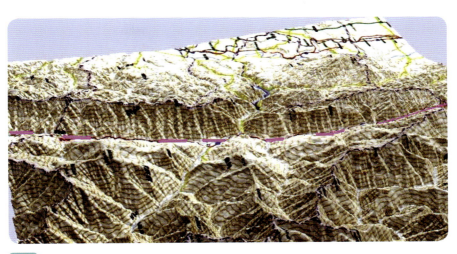

3D地形図 南東から北西方向を見る。手前が赤石山脈。

平面地形図

地質図 中央の赤い線が中央構造線。

日本を横断する最大級の大断層

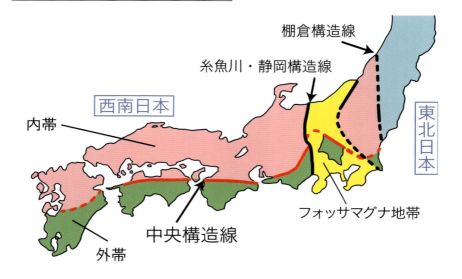

　中央構造線とは、関東から九州へ、西南日本を横断する大断層系である。中央構造線を境に北側を西南日本内帯、南側を西南日本外帯と呼んで区別している。

　構造線を挟んだ南北では、分布する岩石が異なっている。構造線の北側（内帯側）は領家帯と呼ばれ、白亜紀に高温低圧変成してできた岩石が集まっている。一方、南側（外帯側）の三波川帯の岩石は、同じ時代に低温高圧型の変成を受けたものである。

　長野県には、領家変成帯と三波川変成帯が直に接しているのを確認できる**北川露頭**がある。

秋葉街道は塩の道

　3D地形図でもわかるように、大鹿村を通る中央構造線は見事な断層谷が見られる。その谷底を国道152号（**秋葉街道**）が通っており、地蔵峠（平面地形図の中央下）を越えて谷間を抜け、分杭峠（同中央上）でさらに北へと続く。この谷の東側の山地は赤石山脈である。また、高速道路（同図左、緑線）が通る谷には、天竜川が流れている。

◀ このＶ字の谷が中央構造線。

　中央構造線でできた谷間の道を、人は先史時代から行き来していた。この道を通って、谷の南にある遠州灘の塩が海のない信州へ運ばれ、また北の信州からは和田峠で産する黒曜石が南に運ばれた。そのため以前は遠信古道と呼ばれていた。

　秋葉街道という名は、谷の南にある秋葉神社へ信州からの参拝客がこの道を通ったことによる。また、南の遠州では、信州に行く際に通るこの谷間を信州街道と呼んだ。

　断層でできた谷間は、直線状で最短距離になるうえ、高低差も少ないことから、その多くが古代から重要な交通路となっていた。

中央構造線の断層が見える崖

　中央構造線博物館から南へ６kmほど行くと、地蔵峠の北側を流れる青木川の川岸に、断層が露出した崖がある。次の写真のように、この領家帯と三波川帯の境界が、中央構造線の断層である。

▲ 左側の淡い褐色部分は、領家帯の圧搾された片麻岩。右側の黒い部分は、三波川帯の泥質片岩と緑泥片岩。境界の部分が断層である。

大鹿村中央構造線博物館

　各地形図の中央付近に、大鹿村中央構造線博物館がある。この敷地内にも中央構造線の断層が通過しており、その部分が線で示されている。
　また、庭には周辺の地質状態を岩石標本で縮小再現したコーナーもある。館内の展示でも、中央構造線についてわかりやすく説明されているので、一度は訪れておきたい博物館である。
　なお、博物館のある南アルプス（中央構造線エリア）地域は、日本ジオパークに認定されている。

▶ 博物館の屋外に展示されている岩石標本。周辺地域の地質図を再現して配置されている。

塩水が湧き出る不思議な温泉

　中央構造線の断層脇には、温泉が湧いている。昔、当地の人が鹿の水飲み場を見てみると、塩水の温泉がわき出ていることに気が付いたという。それが**鹿塩温泉**である。南北朝時代にすでに利用されていたことから、その歴史は非常に古いと思われる。

　しかもここの温泉の泉質は、成分も濃度も海水とほとんど同じで、明治時代には製塩も行われていたという。これは地下の地層に含まれる海水の化石が出てきたものだとか、地下に岩塩があるとか、いろいろ言われてきたが、詳しいことは未だにわかっていない。

　しかし近年になって、温泉水の水素の同位体を調べた結果、新たな説が唱えられるようになった。海洋プレートが沈み込んでいくときに、プレートの上に載っていた水を含んだ堆積物が一緒に沈み込み、それが地下深くの高圧力の変成作用でマントル中へしみだし、上昇してきたものが、塩水の温泉になるのではないかというのである。

　同じような仕組みは兵庫県の有馬温泉でも起きていることが明らかになり、**有馬・鹿塩型塩泉**といわれている。いずれにしても、海水とは縁のない山奥で塩水の温泉が出てくることは、日本列島の地下構造を解明する手がかりを与えてくれるかもしれない。

ACTIVE FAULTS

10 東洋一の鉱山からニュートリノ観測のメッカへ

跡津川断層
（あとつがわ）

- ❶ 岐阜県飛騨市（ひだ）
- ❷ 約69km
- ❸ 跡津川断層帯（約69km）
- ❹ 右横ずれ断層
- ❺ 北西側が隆起
- ❻ 3.1m/千年
- ❼ 1：2

 南西から北東方向を見る。

10 跡津川断層

3D 地形図 南から北方向を見る。

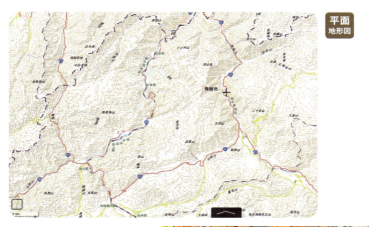

平面地形図

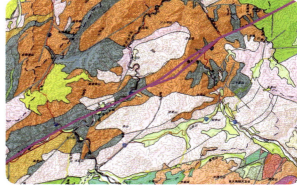

地質図
中央の紫線が跡津川断層。

直角に曲がる川

　富山市から国道41号（越中東街道）を南下しトンネルを抜けると岐阜県神岡町に入る。土第二発電所を過ぎたころ、深い渓谷の下で右から高原川、左から跡津川が一直線に流れ込んで合流し、ひとつの流れとなった高原川が、流路を90度変える地点がある。

　高原川は岐阜県高山市平湯温泉付近に源流をもち、国道471号に沿うように北西方向に流れている。そして飛騨市神岡町を経て富山市に入った付近で宮川と合流し、神通川となって富山湾にそそぐ。流路をたどっていくと、神岡町を通る間に、川が2度直角に曲がっている。ふつう川は蛇行して曲がることはあるが、直角に折れることはまれである。

　このように2つの川が180度で合流したり、直角に流れを変える現象が起きるのは、断層が直線状にここを通っていることによる。3D地形図で見ると、北東―南西方向に直線状に続く谷が見える。南西に天生峠、北東に大多和峠があり、この2つの峠を結ぶ直線状の谷筋が、**跡津川断層**である。

▲ 道路の右に断層部分を流れる高原川がある。右斜面は跡津川断層によって上昇した山地斜面。

同じような現象は、高原川の西を流れる宮川でも見られる。

宮川は富山県と岐阜県の境界付近で高原川と合流するが、この場所から国道360号（越中西街道）で宮川の上流へと向かってみよう。並行して走るJR高山線の坂上駅を過ぎ、宮川町落合付近に差しかかると、宮川の流路は90度方向を変える。転換点には向かいから小鳥川が流れ込んできており、高原川・跡津川と同様、宮川・小鳥川も180度で合流している。

それぞれ2つの川が合流する2カ所の合流点は、同じ線上に連続していることから、これらはいずれも1つの断層上にあると考えられる。

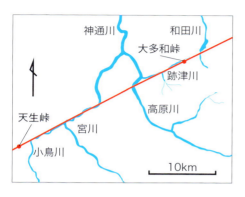

川の屈曲からわかること

前節で述べたように高原川も宮川も跡津川断層で約90度方向を変えて流れている。また、ほかにも断層に関係して流路を変えたり、断層に沿って流れる川があることが分かった。

これは右図のように、断層の横ずれによって川の流路もずれることに起因している。高原川や宮川の場合、流れが右にずれているので、この断層は右横ずれ断層である。さらによく見れば、同じ断層に関係する川はいずれも同じ方向に屈曲していることが分かるだろう。

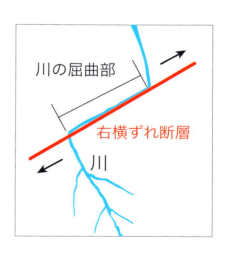

また、断層による川の屈曲部の長さは、断層より上流の流路の長さと比例関係にあることも分かっている。上流の長い川ほどいわば古い川であり、より長い間、断層運動の影響を受けるためである。ここでは宮川のほうが高原川より

屈曲部が長いので、上流の長さも宮川のほうが長いと推測できる。

跡津川断層

　跡津川断層は、岐阜県白川村の東にある天生峠付近から北東へ伸び、飛騨市河合町、宮川町、神岡町、大多和峠を経て、富山県有峰湖付近まで続く、全長60km以上もある日本でも有数の大断層である。

　この断層は、垂直方向では相対的に北西側が上昇し、南東側が下降していることが、いくつかの場所で確認されている。ただし、川の屈曲状態から見ても明らかなように、この断層は垂直方向より水平方向のずれが大きな右横ずれ断層でもある。

　安政5年（1858）4月9日の飛越大地震の時には、この断層が活動したといわれている。

カミオカンデと神岡鉱山

　跡津川が流れる付近は鉛や亜鉛、銀の鉱山があり、一帯の地下には坑道が網の目のように広がっている。その代表格である神岡鉱山は、奈良時代から採掘がはじまり、2001年6月に閉山されるまで、1200年以上もの歴史を有する。高い採掘量を誇り、一時は東洋一の鉱山として栄えたが、一方で大規模な公害問題が発生したことでも名が知られている。

　鉱山跡地に残る広い地下空間を利用して、1983年に東京大学宇宙線研究所の観測装置「カミオカンデ」が設置された。旧鉱山内は年間を通して気温がほぼ一定（13～14℃）であり、また飛騨片麻岩の硬い岩盤でできていることや、大量の地下水が存在するなど、宇宙線観測に適した条件が揃っていた。この装置はニュートリノ観測で大きな成果を上げ、2002年の小柴昌俊博士のノーベル賞受賞に繋がった。

　その後、1996年には新型装置「スーパーカミオカンデ」が設置された。ニュートリノに質量があることを世界で初めて証明し、2015年にノーベル賞を受賞した梶田隆章博士の研究成果は、スーパーカミオカンデでの観測データによるところが大きい。

また、役目を終えたカミオカンデの跡地には、東北大学附属ニュートリノ科学研究センターの反ニュートリノ検出器「カムランド」が設置され、こちらはカミオカンデとは別の方式でニュートリノを観測している。
　これらの研究施設への入り口は、いずれも跡津川の谷間にある。

▲ 上はスーパーカミオカンデ、下はカムランドのある研究施設への入り口。いずれも跡津川の谷間にある。

ACTIVE FAULTS 11

市街を横切り、名湯へ

阿寺断層
(あでら)

① 岐阜県中津川市(なかつがわ)
② 約35km
③ 阿寺断層帯（約70km）
④ 左横ずれ断層
⑤ 北東側が隆起
⑥ 2.9m／千年
⑦ 1：2

3D地形図 南から北方向を臨む。

11 阿寺断層

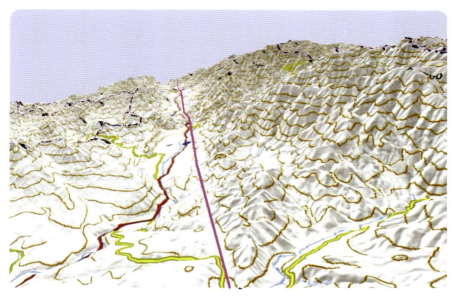

3D 地形図 南東から北西方向を臨む。

平面 地形図

地質図 中央の紫線が阿寺断層。

街を横切る断層崖

　名古屋駅からJR中央本線で中津川へ行き、普通電車に乗り換えてさらに塩尻方面へ向かう。坂下駅に着く手前で小さな川（川上川）を鉄橋で超えるが、そのあたりで左の車窓から斜め前方を眺めると、手前と奥とに、北西方向に続く山並みが見える。この奥側の山の斜面が、**阿寺断層**の影響でできたものである。

　坂下は街の真ん中を活断層が通過していることで有名である。前述の山地斜面を造った断層が、街の中まで続いている。

　市街は木曽川が造った6段の河岸段丘の上にできており、この段丘を切るように、小高い崖が北西から南東に横切っている。

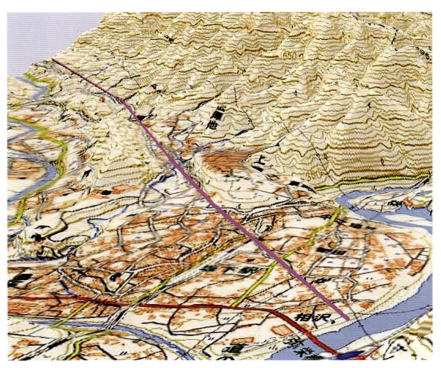

▲ 坂下の街を通る阿寺断層。

11 阿寺断層

▲ ＪＲ中央本線・坂下駅付近。阿寺断層は写真の左下から、中央の坂下病院のすぐ左に抜ける。その奥の山並みの斜面は断層崖であり、阿寺断層の延長が右奥の方へと続く。

　坂下町の崖が活断層であることは、1960年頃に杉村新氏などの詳しい調査で明らかにされた。それによると、高いところにある古い段丘ほど断層によるずれが大きいことから、断層が何度も動き続けてきたことが分かった。調査の結果、２万７千年間で水平方向（左横ずれ）に140ｍ、垂直方向に27.5ｍ動いたことが明らかになった。

▲ 中津川市付知町付近の阿寺断層断層崖。道路は国道256号。

断層沿いの名湯・下呂温泉

　断層は坂下町から北西方向へ真っ直ぐに伸び、付知川の谷（国道256号）や白川の谷（国道257号）を経て下呂温泉まで、約35kmにもおよぶ。

　下呂温泉は飛騨川と阿寺断層が交わる付近で湧出している。これは断層に沿って地下深くから温度の高い地下水が上昇しているものと思われる。草津、有馬とともに日本三名湯とされ、鎌倉時代から多くの湯治客が訪れた。湯量が豊富な源泉かけ流しの湯はアルカリ性単純泉（pH9.2）で、美肌効果があるとされている。

　また付知川上流にも、倉屋温泉おんぽいの湯という日帰り温泉がある。この温泉も阿寺断層上にあり、源泉かけ流しのお湯である。ここもアルカリ性単純泉（pH8.6）で神経痛、筋肉痛、関節痛、五十肩などの効能があるという。

▲ 左が下呂温泉の宿泊施設。中央が飛騨川。奥の山の稜線のくぼみを阿寺断層が通っており、手前の温泉街に続いている。

付知川、白川の屈曲

次に、阿寺断層に沿って流れる川の流れを見てみよう。

JR中央線坂下駅からJR高山線下呂駅の間に阿寺断層が通っているが、その間を流れる白川や付知川などの流路はいずれも断層付近で左へ屈曲している。

このことからも、阿寺断層が左横ずれ断層であることが分かる。

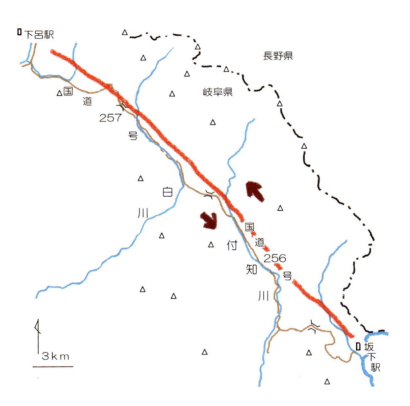

ACTIVE FAULTS

12 世界に知られる地震のつめあと
根尾谷断層
ねおだに

① 岐阜県本巣市
② 約36km
③ 濃尾断層帯（約50km）
④ 左横ずれ断層
⑤ ―
⑥ 1.9m／千年
⑦ 1：2

3D 地形図 南から北方向を臨む。

12 ― 根尾谷断層

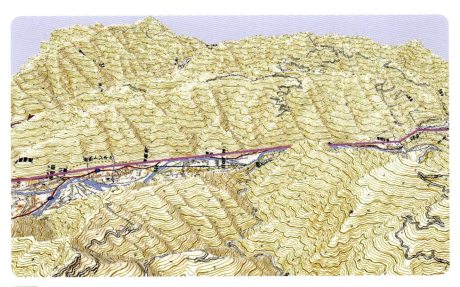

3D 地形図 南西から北東方向を臨む。

平面 地形図

地質図 中央の紫線が根尾谷断層。

根尾谷と薄墨桜

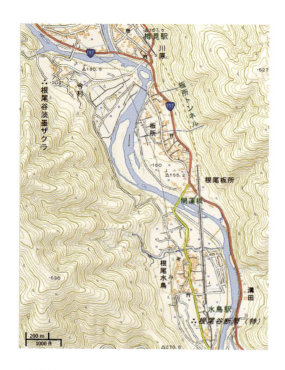

　JR大垣駅から樽見鉄道が出ている。2両連結の気動車に乗って終点の樽見駅に向かう。濃尾平野を北上し本巣駅を過ぎると根尾川に沿って山間に入っていく。蛇行する根尾川を何度も鉄橋で渡り、日当トンネルを抜けるとまた川に沿って走るが、ここから北の根尾川は急に蛇行がなくなり、直線流路の河川となる。この直線部分が**根尾谷断層**である。根尾川は樽見駅付近までで、ここから上流は川が2つに分かれ、根尾西谷川と根尾東谷川となる。

　なお、根尾谷の最北端にあたる樽見駅を降りて谷の対岸に行くと、天然記念物に指定されている「薄墨桜」がある。樹齢1500年ともいわれる大木である。桜のシーズンには多くの人が、この一樹のために押し寄せる。一度は見ておきたい見事な桜である。

地震断層観察館

　根尾谷にはもう一つ天然記念物がある。それが根尾谷断層である。樽見駅の一つ手前の水鳥駅で降り、100mほど南へ行くと、断層観察館が見えてくる。
　また、施設前の道路の両側に広がる田畑には、段差が数mもある崖が見える。

▲ 手前に左右に続く崖が断層崖。奥の山地すそ野を根尾谷断層が通っている。その断層から枝分かれした断層がこの崖を作った。次頁の古写真と比較してほしい。

　1891年（明治24）10月28日、現在の本巣市根尾付近を震源として、**濃尾地震（M8.0）**が中部地方を襲った。濃尾地震は日本で起きた最大級の内陸型地震で、7000人を超える方が亡くなった。その際地表に現れたのが、この断層崖である。

　本来の根尾谷断層は根尾川の対岸を通っていて、崖に見られるのは本体の断層から枝分かれした断層である。この地震で現れた断層崖は高さ6m、長さ1000mにもなった。

　1952年（昭和27）に国指定の特別天然記念物になり、保存保護されることになった。そしてこの断層をよく知ってもらうため、断層地点を一部掘削して地下の様子が観察できる設備を整え、地震断層観察館とした。

▶ 観察館の展示のようす。黒っぽい岩石と小石が混じった層との境界が断層。

◀ 当時の写真。中央の左右に延びる崖が地震によってできた断層崖。

　地震によって地表に現れたこのような断層は世界的にも珍しく、当時の断層崖の写真は、地震を表わす資料として世界の地震の教科書にも掲載されるほどである。
　地震断層観察館から北へ約4km行ったところに、根尾中地区という集落があり、国道わきに、濃尾地震によって地面が横ずれした跡が今でも残っている。

▲ 根尾中地区の畑。緑の畝が断層によって左に曲がっている。

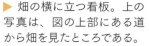

▶ 畑の横に立つ看板。上の写真は、図の上部にある道から畑を見たところである。

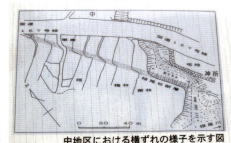

中地区における横ずれの様子を示す図
（岡田・松田1992に基づく）
この図のほぼ左半分が左写真の範囲にあたる

この付近では断層の垂直方向の落差がなく、水平方向に地面がずれた。写真のように畑の畝が断層で曲がったところもあり、曲がり方から左横ずれであることが分かる。

根尾谷断層

　根尾谷断層は、枝分かれしたものも含めると総延長100kmに及ぶ大断層系で、関市、山県市高富町、本巣市を経て福井県大野市まで北西—南東方向に伸びている。断層系を構成するのは、北から温見断層、根尾谷断層、長滝断層、梅原断層などで、いずれも水平左横ずれの断層である。根尾付近だけが特に6mもの垂直方向のずれを生じたが、全体としては最大9mの水平左横ずれである。

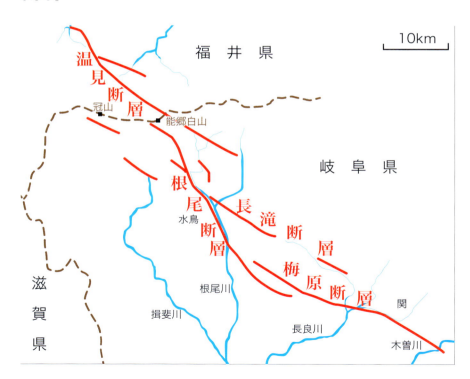

ACTIVE FAULTS 13

養老の滝と万病に効く名水を生んだ断層

養老断層

1. 岐阜県養老町・海津市
2. 約40km
3. 養老－桑名断層帯（約60km）
4. 逆断層
5. 南西側が隆起
6. 4.8m/千年
7. 1：2

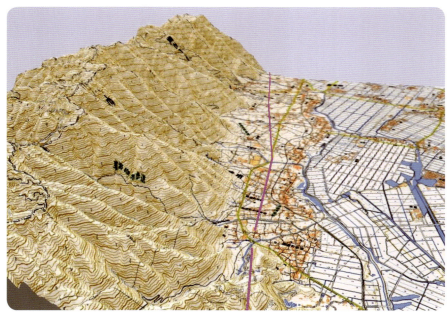

3D 地形図 南から北方向を見る。断層は山地と低地の境界付近よりやや低地側を通っている。

13 養老断層

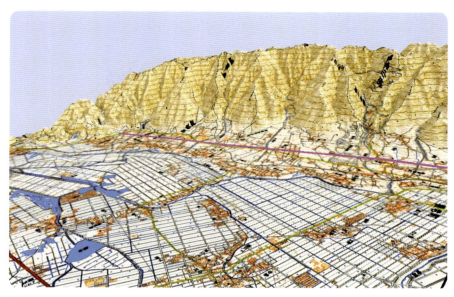

3D 地形図 北東から南西方向を見る。

平面 地形図

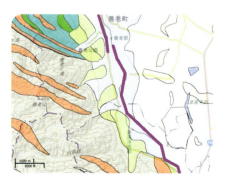

地質図 中央の紫線が養老断層。

養老山地と養老の滝

　名神高速道路を京都から名古屋方面に走ると、関ヶ原ICを過ぎ養老サービスエリアに近づいたころから、右手前方に養老山地の東の急斜面が見えてくる。この付近から見ると、山地は南東方向にほぼ直線状に続いているように見える。

▲ 名神高速道路から見た養老山地の東斜面。

　養老山地は北北西から南南東方向に約25kmの長さに延び、幅は約5kmであるが、東斜面が急で、西斜面が緩やかな傾斜をしている。山地とその東に広がる濃尾平野との境界を通る**養老断層**によって、山地が西に傾いて上昇し、平野側が沈降した結果であり、このような地形を**傾動地塊**という。

　養老山地の東斜面付近、かなり山地側に入ったところに、有名な**養老の滝**がかかっている。

　落差32m、幅4mもある見事な滝で、日本の滝百選にも選ばれている。また、滝の水がお酒に変わり、親孝行の息子が盲目の父親に飲ませたところ、目が見えるようになったという逸話も有名である。

▲ 養老の滝。

養老山地は約2億年前の砂岩、泥岩、石灰岩やチャートでできており、滝近くから豊富に湧き出る「菊水霊泉(きくすいれいせん)」は石灰岩の隙間を通ってくるため、カルシウム、マグネシウム、カリウムなどを豊富に含み、万病に効くと言い伝えられている。

温泉同様、湧き水も断層の付近に多く、しばしば名水として人気を誇っている。

養老山地の扇状地

養老山地の東斜面が急であることから、斜面にかかる各河川から浸食された土砂が麓(ふもと)に堆積して**複合扇状地**を造っている。

下の3D地形図に赤線で示される右端の扇形が扇状地で、養老山地のすそ野には扇状地がいくつも連続した地形がみられる。

断層はこの扇状地の扇端(広がった弧の部分)付近を通っていると思われる。

▲ 扇状の地形が山の麓に連続し、複合扇状地を形成している。

ACTIVE FAULTS

14 数々の不思議な地形を生み出した大断層
柳ヶ瀬断層

① 滋賀県長浜市余呉町
② 約23km
③ 柳ヶ瀬断層帯（約36km）
④ 左横ずれ断層
⑤ 東側が隆起
⑥ 0.5m／千年
⑦ 1：2

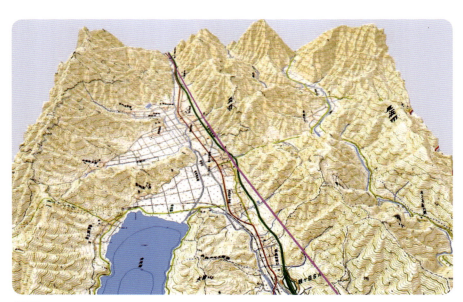

3D地形図 南から北方向を見る。

14 柳ヶ瀬断層

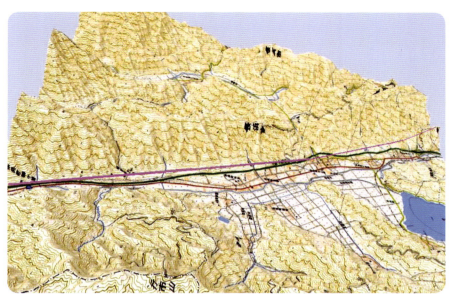

3D地形図 西から東方向を見る。

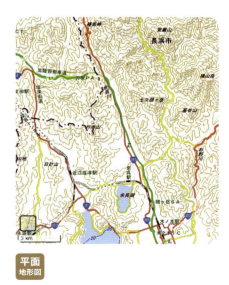

平面地形図

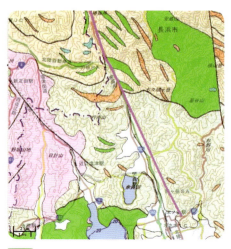

地質図 中央の紫線が柳ヶ瀬断層。

柳ヶ瀬断層

柳ヶ瀬断層は琵琶湖の北にある余呉湖のすぐ東を、北北西から南南東に伸びた断層である。地形にもきれいな直線状の谷として現れ、断層の存在をよくあらわしている。

北は福井県南越前町（旧今庄町）から南へ板取宿、栃ノ木峠、滋賀県椿坂峠を経て長浜市余呉町、木之本町にいたる、延長約23kmもある大断層である。

断層が造る不思議な地形

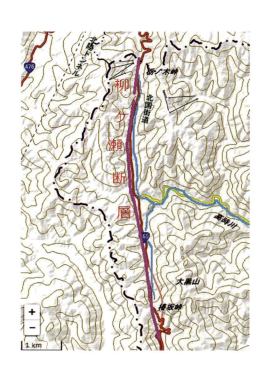

この断層の付近にはめずらしい地形がいくつかある。

ひとつは、2つの支流が流れ込む高時川である。

この断層上には北に栃ノ木峠、南に椿坂峠と2つの峠があり、それぞれを源流とする高時川支流が、断層上にそれぞれ反対方向に直線の谷を造り、2つの峠の中央で180度で合流して高時川となっている。

この不思議な合流のしかたも断層の影響でできたものである。

ふたつ目は、この断層のすぐ横にある余呉湖である。

ふつう湖には、そこに流れ込んでくる川と、湖から流れ出す川とがある。しかし断層に沿って流れる余呉川はかつての断層運動で出口がふさがれ、谷間に水がたまって湖となったため、湖水が流れ出す川がない。現在は排水のための水路が造られているが、流出河川がないため湖面は穏やかで、その神秘的な姿

から「鏡湖」とも呼ばれている。北岸には天女が柳の木に衣をかけたという羽衣伝説も残っている。

　３つ目は屈曲した渓流群である。
　下図の緑の線は谷を流れる渓流の方向を示しているが、よく見るといずれも断層部分で同じ方向に屈曲している。
　これは、断層によってそれぞれの小さな谷が曲げられ、横ずれを起こしたことを意味している。この場合、いずれの谷も断層を挟んで左にずれているため、この断層は左横ずれであることがわかる。

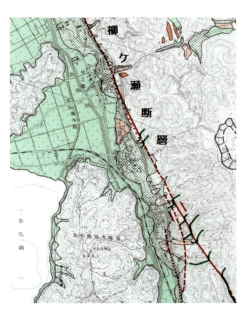

余呉町付近の柳ケ瀬断層。断層運動で左横ずれを起こした谷が連続している。

北国街道

　直線状の谷は古くから街道として利用されることが多いが、福井県今庄から滋賀県米原までの柳ヶ瀬断層の谷も、北国街道と呼ばれ、日本海沿いの北陸道と米原を通過する中山道とを結ぶ重要な交通路として利用された。余呉町にはかつての旧街道や宿場跡が残っていて、当時の面影をしのぶことができる。

　なお、現在でも国道365号や北陸自動車道、JR北陸本線がこの断層に沿って通っている。

◀旧北国街道にある柳ケ瀬の集落。遠方に見える山並の斜面下が柳ケ瀬断層。

▼JR北陸本線の車窓から見た柳ヶ瀬断層崖。

COLUMN 世界の断層 2

韓国 ヤンサン断層

釜山（プサン）から慶州（キョンジュ）まで約200kmの距離を高速道路1号線（京釜高速道）がほぼ直線に伸びている。高速道路を建設する場合、直線の方が効率が良いからかと思われるが、もともとこの2都市を結ぶ間には直線状の谷があり、そこに道路が建設された。

赤い線が梁山断層

この直線の谷は梁山（ヤンサン）断層によってできたもので、断層活動によって弱くなった地表部分が、浸食されて谷になるのだ。断層面は垂直で東側上昇、右横ずれを伴う梁山断層は韓国でも第一級の活断層である。

手前の川の中央付近の黒い部分が断層破砕帯。画面奥の谷間までこの断層が伸びている。

ACTIVE FAULTS 15

琵琶湖と湖岸の山並みを造った

比良(ひら)断層

① 滋賀県大津(おおつ)市・高島(たかしま)市
② 約23km
③ 琵琶湖(びわこ)西岸断層帯(せいがんだんそうたい)(約43km)
④ 逆断層
⑤ 西側が隆起
⑥ 0.5m／千年
⑦ 1：2

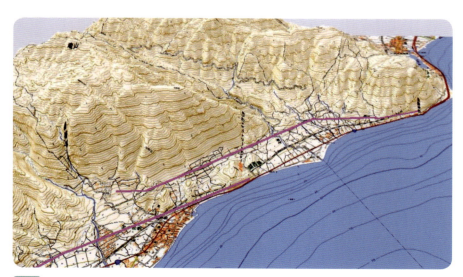

3D 地形図 南から北方向を見る。右手前に広がるのは琵琶湖。

15 比良断層

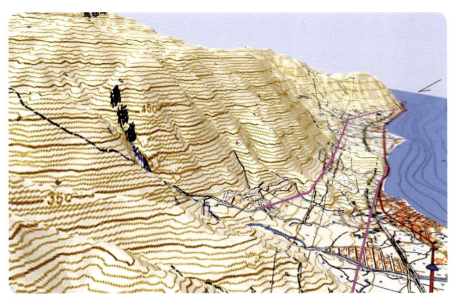

3D 地形図 南西から北東方向を見る。

平面 地形図

地質図 赤線が比良断層。

湖岸にせまる崖と三角の尾根

▲ 電車の右側の窓から前方に見える断層崖。

京都からJR湖西線に乗って琵琶湖の西岸を行くと、左手には切り立った山の斜面が続き、右側の車窓には広大な琵琶湖が横たわっている。

堅田駅を過ぎたころから電車は少し左へカーブするので、右斜め前方に、琵琶湖の岸辺と山地とのくっきりとした境界がよく見える。とはいえ山地は湖岸にかなり迫っており、方向によっては、湖岸のすぐそばに急な岸壁が切り立っているようにさえ見える。

やがて電車は山際を走るようになり、左側の窓から山地の斜面が近くに見えてくる。急な斜面をよく見ると、切りとられたように三角形の形をした尾根の先端がいくつも見える。特に近江舞子駅から北小松駅付近には顕著に見られる。

▲ 尾根に三角形の面がたくさん見られる。

15 比良断層

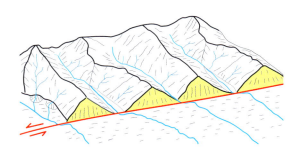

この三角形は、主尾根から伸びてきた枝尾根が山麓の断層運動によって切り取られてできた、**三角末端面**である。このような地形は、断層が山脈と並行して麓を通っているところでよく見られる。

琵琶湖西岸に集まる断層

比良断層は北小松駅のやや北から、比良山地斜面に沿って南西に延び、権現山や霊仙山の麓付近までのび続いている。延長は約15kmある。活断層研究会編（1991年）によると、上下の平均変位速度は0.5m/千年となっている。すなわち、この断層により、山地側が1000年間で50cm上昇したことになる。

断層を境にして西側は約1億年前の花こう岩が分布し、断層の東側には新生代の地層が接している。

琵琶湖の西岸には比良断層以外に、北から知内断層（A）、饗庭断層（B）、上寺断層（C）、勝野断層（D、比良断層の一部）、堅田断層（E）、比叡断層（F）、膳所断層（G）と、断層が南北に連続して続いている。この一連の断層は**琵琶湖西岸断層帯**と呼ばれている。

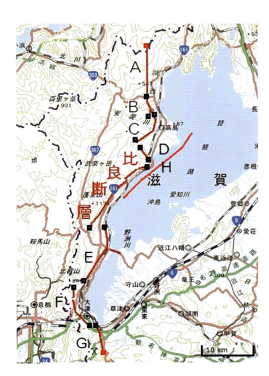

この断層系が最近活動した地震は、1662年（寛文2）の琵琶湖西岸地震と考えられている。南は京都市内から北の若狭湾まで、広範囲に被害が出た。
　この断層系は地震活動を繰り返すごとに西の山地側が上昇し、東の平地側が沈降してきたため、断層の東側の沈降地帯が琵琶湖となっていった。

西近江街道と断層

　西近江街道は東海道から大津で別れ、琵琶湖の西岸を北へ向かい、今津、高島、敦賀を経て今庄で北陸街道に合流する、京都から北陸へ向かう主要な交通路である。

　琵琶湖の西岸は比叡山、比良山などの山地が湖岸まで迫り、平坦地との境界付近を琵琶湖西岸断層帯が通っている。そのためわずかな湖岸の平坦地が直線的となり、最短距離をつなぐ街道となった。西近江街道は古代や戦国時代にもよく利用されている。

　この街道を行き来した人々は、湖岸の風景と山地の景観の両方を眺めながら旅を楽しむことができただろう。ただ、山地から吹き下ろす強い風（比叡おろし、比良おろし）には悩まされたと思われる。琵琶湖西岸一帯は強い風が頻繁に吹くことで有名で、このため現在でも、強風によるJR湖西線の運行見合わせがたびたび起こる。

COLUMN 世界の断層 3

インドネシア スマトラ断層

　インドネシアのスラウェシ島を南北に縦断する約2000kmの右横ずれの大断層がスマトラ断層である。プレートの沈み込みでできたスマトラ海溝に対して平行に分布し、日本の中央構造線と似た構造である。

中央の海岸線がスマトラ断層

矢印が上の写真の場所

ACTIVE FAULTS

16

鯖街道として重宝された断層谷

花折断層
(はなおれ)

1. 滋賀県高島市〜京都府京都市・宇治市
2. 約46km
3. 花折断層帯（約58km）
4. 右横ずれ断層
5. 東側が隆起
6. −
7. 1：2

3D 地形図 南から北を臨む。

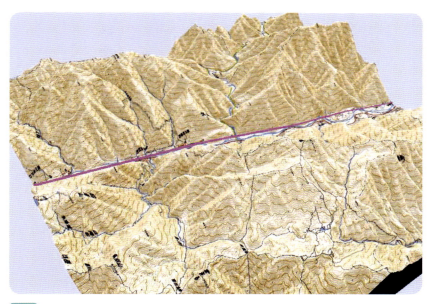

 南東から北西を臨む。

16 — 花折断層

平面地形図
◀ 赤枠内は3D地図の範囲。

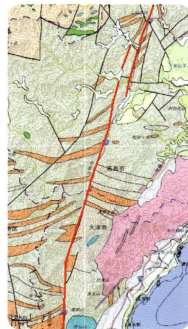

地質図
▶ 赤線が花折断層。

安曇川に沿った断層

　京都市内から国道367号を北上すると、三千院や寂光院のある大原の里を経て、途中越とよばれる峠を境に滋賀県に入る。途中トンネルを経てさらにヘアピンカーブを登ると、花折峠に出る。この峠はかつて曲がりくねった急坂であったが、今はトンネルができて瞬く間に比良山地を越えてしまう。

　このふたつの峠は尾根の鞍部（くぼんだところ、コル）にあたるが、このような場所は断層の位置と一致していることがある。断層部分は岩石がもろくなっているため、浸食されやすいので凹地を造るのである。途中越、花折峠には、**花折断層**が通っている。

　花折トンネルを抜けると、北北東方向にほぼ一直線に伸びた安曇川の谷に出る。この谷もまた花折断層によってできている。その証拠に谷間の川底や河岸に露出している岩石には、断層運動で生じたと思われる砕かれた真っ黒なものや、水を含んだ角礫層が見られ、ここが断層破砕帯であることを示している。

▲ 断層に沿う安曇川の崖にみられる、黒っぽい部分が断層破砕帯。

花折断層は全長46kmにも及ぶが、この断層は活動の違いから、北部と中南部に分かれる。北部は比良山地の西側の安曇川に沿った朽木〜花折峠まで、中部は花折峠〜京都市街地に入るまで、南部は京都市街地であり、中部と南部は同様の傾向が見られることから「中南部」とされている。

北部の最近の活動は次項の寛文地震であると思われるが、中南部では2800年〜1400年前に活動したと考えられている。

「町居崩れ」を起こした寛文地震

1662年（寛文2）、M6.2の大規模な**寛文地震**が起きた。震源は琵琶湖の西岸付近で、この地震により、安曇川の谷では断層面が3〜5m垂直方向に変位したことがわかっている。

また朽木村葛川谷では「町居崩れ」と呼ばれる大規模な崩壊が起きた。谷の東斜面が大きく崩れ、その土砂が谷をせき止めて天然ダムを形成し、対岸の西斜面にも大きく堆積した（97頁・平面地形図上の赤い点）。この地すべり災害では560人もの犠牲が出、後に天然ダムも崩壊し、さらに多くの被害が出た。

▲ 安曇川西岸。地震による東斜面の地滑りで、土砂が対岸にも押し寄せた。

若狭と京都をつなぐ鯖街道

　たびたび触れているように、古代にはトンネルの造成や尾根を切り込む技術がなかったため、もともとある直線状の谷を道として利用するしかなかった。断層の影響でできた谷は直線状になることが多く、花折断層の谷にも、日本海で捕れた魚をできるだけ新鮮な状態で都に届けるため、街道が造られた。

　「京は遠ても18里」といわれ、若狭湾の小浜から熊川宿、朽木、花折峠

を経て京都まで、鯖をはじめとする海の幸が、この街道を経て運ばれた。それゆえこの道は**鯖街道**とも呼ばれている。18世紀には若狭湾で多くの鯖が水揚げされ、ひと塩してから夜通しかけて運ぶと、京都に着く頃にはちょうどいい味になっていたという。

　小浜は古代でも京都の朝廷に食材を運ぶ「御食国」でもあったことから、古くからこの街道が盛んに利用されていたことがわかる。

▲花折断層でできた直線状・V字型の断層谷に国道367号（鯖街道）が通っている。

ACTIVE FAULTS

17 箕面大滝が流れ落ちる断層崖
五月丘断層
（さつきがおか）

1. 大阪府池田市・箕面市
2. 約5km
3. 有馬－高槻断層帯（約55km）
4. 右横ずれ断層
5. 北側が隆起
6. 0.7m/千年
7. 1：2

3D地形図　南西から北東方向を見る。

17 ― 五月丘断層

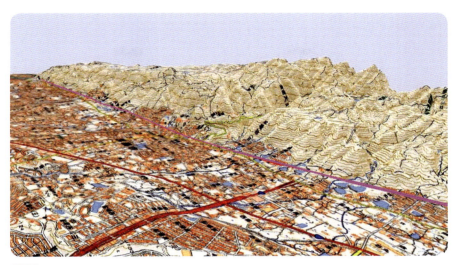

3D地形図 南東から北西方向を見る。

▲ 上の3D地形図とほぼ同じ方向から見た北摂山地の南斜面（箕面駅前ビルより）。

平面地形図 山際を通る黄色の線が府道9号、箕面大滝は中央の上部。

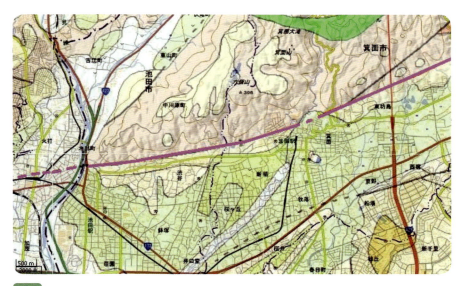

地質図 中央東西の紫線が五月丘断層。

北摂山地の南斜面

　大阪から阪急電鉄の宝塚線に乗ると、石橋駅を過ぎて池田駅に差しかかる頃、東西に連続した北摂山地の南斜面が右側の窓からよく見える。また、石橋駅から箕面線に乗り換え、終点の箕面駅まで行くと、改札を出てすぐ目の前に山地が立ちはだかる。まさに駅のすぐ北、山地と低地との境界に、**五月丘断層**が通っている。

　山際を通る府道9号は、この断層に近い部分を大阪府池田市から箕面市にかけて並走している。

▲ 阪急電鉄・箕面駅の目前に広がる北摂山地の南斜面。

箕面大滝

　北摂山地の一部は、「明治の森箕面国定公園」となっていて、滝道沿いに進んだ最も奥に、**箕面大滝**がある。木々の間から水の流れる姿が箕に形が似ていることからこの名前が付いたとも言われている。落差33ｍの大滝は「日本の滝百選」にも選ばれていて、紅葉の季節には多くの観光客が訪れる。また、お土産として売られているモミジのてんぷらは有名である。

この滝から約2km南に、五月丘断層が通っている。もともとこの滝は断層活動で山地が上昇したときにできたと考えられ、その後数十万年かけて上流へ浸食がすすみ、滝の位置が後退していった。

現在の落下地点では滝を挟んで南側に砂岩や泥岩、北側に硬い緑色岩が分布している。断層付近にあった滝がじわじわと北へ後退した結果、硬い岩盤にぶつかって、現在の場所に定まったのである。

河川から見る右横ずれ断層

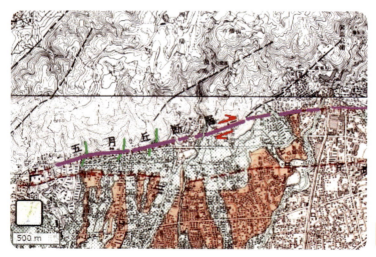

上図で河川を示す緑線に注目すると、池田市五月丘や畑(はた)付近の3つの小河川が、五月丘断層を境にして右へ曲がっていることがわかる。また、図中央の石澄(いしずみ)川や右側の箕面川の流路も、断層を境にして方向が変わっており、北から断層を超えると流れる方向が右にずれたようになっている。

これらのことから、五月丘断層は断層北側の山地が200m以上も上昇する上下方向の運動を伴いながら、右横ずれ断層の性格をも持っていることが分かる。

有馬－高槻構造線

　五月丘断層は**有馬－高槻構造線**の一部を形成している。兵庫県北区有馬町西方から大阪府高槻市まで、約55kmもの距離を、いくつもの断層が連続して並走している。詳しく見てみると、有馬町に端を発した構造線は有馬街道と平行して東へ走り、太田山川に沿って宝塚に至る。武庫川を超え、中山寺付近からは北摂山地南縁に沿い、さらに猪名川を超えて大阪府池田市に入ったところで、五月丘断層に続く。構造線はさらに東へと延び、茨木市の真上断層を経て大阪府高槻市に至る。

　それぞれの断層の位置は、直線の谷や断層崖の連続などの地形によく表れている。

▲ 東西の赤線が有馬－高槻構造線。

ACTIVE FAULTS

18 大阪平野を一望する生駒の山並みを生んだ
生駒断層
いこま

❶ 大阪府大東市・東大阪市
❷ 約21km
❸ 生駒断層帯（約38km）
❹ 逆断層
❺ 東側が隆起
❻ 0.5〜1m/千年
❼ 1：2

 南西（大阪平野側）から北東方向を見る。

18 生駒断層

3D地形図 北西から南東方向を見る。すそ野に延びる2本の赤線は国道170号の旧道（左）と新道（外環状道路、右）。

平面地形図

地質図 赤線が生駒断層。

生駒断層と生駒山地

　大阪府と奈良県の境界に生駒山地があり、**生駒断層**は南北に延びるこの山地の西の山麓と大阪平野との境界を通っている。大阪平野のどこからでも生駒山地の急斜面が見えるので、大阪住民にとってはまさに故郷の山なみといった趣である。いっぽう、奈良県側の斜面は緩やかな傾斜をしている。

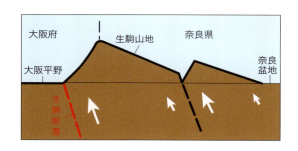

　このように、断層運動により片側が大きく隆起して地表が一方に傾くはたらきを**傾動**運動という。生駒山地の場合は、生駒断層の活動によって大阪側が大きく、奈良側が緩やかに上昇したわけである。

▲ あべのハルカス（300m）屋上からの眺め。正面に生駒山地、手前は大阪平野。平野と山地の境界部分に生駒断層が通っている。

▲ 近鉄奈良線石切駅付近の三角末端面。

また生駒山地の大阪側の斜面をよく見てみると、平野との境界に三角の形をした面がよく見られる。これは山地から伸びたそれぞれの尾根が断層によって切られてできたと考えられ、**三角末端面**と呼ばれる断層地形の一つである。

生駒断層と東高野街道

生駒山地の大阪側の麓を通る生駒断層に沿った直線状の地形は、街道としても利用されてきた。平安時代以降、貴族の間で高野詣が盛んになり、そのための街道が必要とされた。当時、大阪平野には巨椋池や深野池、新開池などがあり、また旧大和川も横たわっていて、京都から高野山に向かうには、平野を通過するよりも生駒山麓に沿って行く方が都合がよかった。そうして整備されたのが東高野街道で、現在は旧国道170号がこれに沿っている。

ACTIVE FAULTS

19 大阪市街を縦断するゆるやかな隆起

上町（うえまち）断層

① 大阪府大阪市
② 約22km
③ 上町断層帯（約42km）
④ 逆断層
⑤ 東側が隆起
⑥ 0.6m／千年
⑦ 1：9

※ 上町台地は比較的高度が低いため、3D地形図で浮き上がらせようとすると、水平方向の距離に対して垂直方向の長さを強調しなければならない。ここでは強調できる最大の比率1：9を用いた。

3D地形図 南西から北東方向を臨む。中央奥のドーム状の出っ張りは大阪城。

19 上町断層

3D地形図 北西から南東方向を臨む。

3D地形図 西から東方向を臨む。

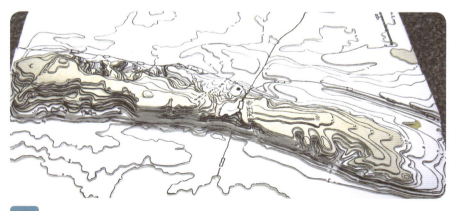

地形模型 発泡スチロールを積み重ねて作った上町台地。西から東を見る。

平面
地形図

地質図　赤線が上町断層。

天王寺七坂

　大阪市天王寺区には、聖徳太子が建立した有名な四天王寺がある。大阪平野の標高は5mほどだが、平野の真ん中にあるこのお寺の標高は20mもある。

　四天王寺の西には天王寺七坂と呼ばれる坂（①逢坂、②天神坂、③清水坂、④愛染坂、⑤口縄坂、⑥源聖寺坂、⑦真言坂）があり、真言坂を除いて、いずれも西に傾斜して平行に並んでいる。このような坂の連続は、西向きの斜面の存在を示唆している。つまり大阪平野の中央には、東側が隆起した20mの高さの台地があり、斜面（坂）の上と下では約15mの高低差があるということである。

　四天王寺の東側も坂になっているが、こちらの傾斜は西側に比べて緩やかに東へ下っている。

このような地形がここから北へも南へも続いていて、細長い台地を形成している。
　大阪平野の真ん中を南北に延びるこの台地は、**上町台地**と呼ばれ、標高が25m～15mの南北10km、東西1.5kmの細長い高台である。高さが20m内外しかなく、市街地なのでこのような地形があることはあまり知られていないが、意識して坂道などを歩くとその存在が分かる。
　この台地を作りだしたのが、台地の西を通る**上町断層**である。

▲ 口縄坂。

▲ ハルカス展望台（300m）から見た上町台地の北半分。
右手に南北に延びる道路が上町台地の尾根を通る谷町筋。それに平行して左側に延びる細長い緑地（橙線）が台地の西斜面に当たり、ここに沿って天王寺七坂がある。

上町断層と上町台地

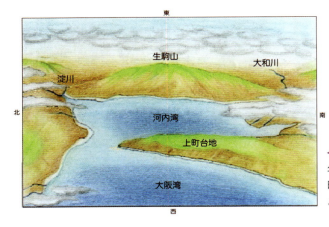

◀ 縄文時代（約6000年前）の上町台地。当時の大阪平野は海であった。

　上町断層は上町台地の西の急斜面を下ったところに存在するように思われるが、実際にはこの崖よりやや西の位置にあることが、断層を横切るいくつかのトンネル工事で明らかにされている。

　もともとは崖と平地の境界に断層があったが、縄文時代には台地の下まで海が押し寄せていて、崖を侵食した結果、斜面の位置が断層よりやや東へ後退し、海食崖として残ったと思われる。

　上町台地を作ったのが上町断層の活動であることは間違いない。大阪平野の東縁にも同じように南北方向に延びる生駒断層がある。いずれも東西方向の圧縮の力で活動した逆断層で、東側が上昇して台地や山地になっている。

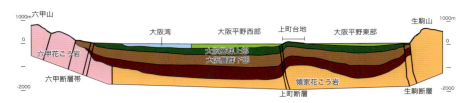

▲ 上町台地〜生駒山地の地質断面。

上町断層は台地近縁からさらに南北両方向に連続しており、総延長は約42kmにもなる**上町断層帯**を造っている。この断層帯には、ほかに仏念寺山断層、長居断層、坂本断層、久米田断層などが含まれる。全体としても、南北に長く東側が隆起する逆断層である。

▲ 上町断層帯を形成する断層群（赤線）。

20 新幹線の駅の真下を通る
諏訪山断層（すわやま）

- ❶ 兵庫県神戸市
- ❷ 約23km
- ❸ 六甲−淡路島断層帯（約71km）
- ❹ 逆・右横ずれ断層
- ❺ 北西側が隆起
- ❻ 2m［水平］、0.4m［上下］／千年
- ❼ 1：2

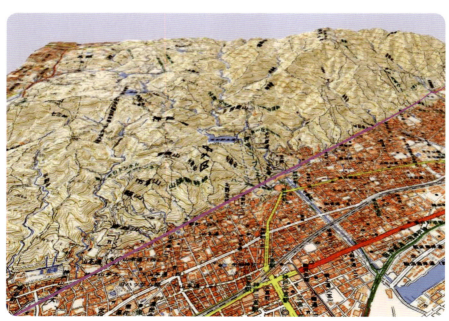

南西から北東方向を見る。

20 ― 諏訪山断層

3D 地形図 北東から南西方向を見る。

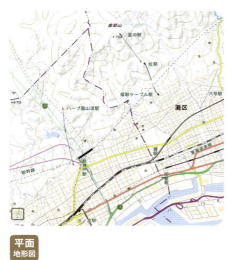

平面 地形図

地質図 赤線が諏訪山断層。

断層をまたぐ新幹線の駅

　山陽新幹線の新大阪駅を出てしばらくすると、六甲山を貫通する六甲トンネル（約16km）に入る。長いトンネルを出たところに新神戸駅があり、その先はまた長い神戸トンネル（約8km）となる。新神戸駅はこれら2つのトンネルの間のわずかなスペースに作られたのだが、何とこの駅下を**諏訪山断層**が通過している。

　六甲山は花こう岩でできているが、風化が深いところまで進み、真砂土となった地盤の上に断層が幾重にも通る、トンネル掘削では難工事が予想されるような地質である。それでも市街地を避けて山にトンネルを掘り、断層の上に駅を設置してまで新幹線が通された。

　そのためこの駅には、もし断層が活動しても（地震が起こっても）駅舎が破壊しないよう工夫が凝らされている。断層は上り線と下り線の間を通るため、各ホームと路盤の3つの基礎をそれぞれ別にし、また隣の基礎との間にある程度あそびを設けることで、仮に断層で横ずれなどが生じても、建物への被害が少なくなるように設計されている。

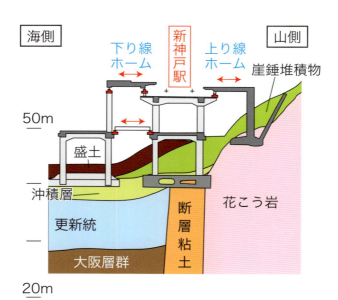

▲ 新神戸駅の断面図。断層粘土の部分が諏訪山断層（池田俊雄 [1971] の図をもとに著者作成）。

20 ― 諏訪山断層

▲ 摩耶山ロープウェイからの眺め。右下に新幹線・新神戸駅、山地と低地の境界が諏訪山断層。

川の屈曲が示す横ずれのあと

　諏訪山断層を横断する川を地形図で見てみよう。生田川は新神戸駅の近くで芋川と合流するが、生田川も芋川も断層に行き当たると急に右に向きを変え、しばらく断層に沿って流れたあと、合流している。再度谷川も諏訪山付近で断層に出会い、右に流路を変え断層に沿って流れているし、同様のことが断層線上を横断するほかの小河川でもよく見られる。

　したがって諏訪山断層は右横ずれの活動を伴う断層であると考えられる。

阪神・淡路大震災

　1995年1月17日、**阪神・淡路大震災（兵庫県南部地震）**が発生した。これは諏訪山断層の延長付近が震源で、マグニチュード7.2、「震度7」が初めて適用された大地震であった。しかし余震の震源分布を見てみると、諏訪山断層に連なる断層系付近で多く発生しているものの、大きな被害は断層上ではなく、むしろそれに平行する海側の地盤の弱い地点などに集中した。

▲ 神戸・阪神間の断層系。★印は兵庫県南部地震の震央、青い部分は「震災の帯」と呼ばれる震度7、建物の全壊率30％以上だった部分。

　この地震により六甲山系は約20cm上昇したことが、国土地理院のGPS観測で分かっている。この地震で諏訪山断層の西側の山地は上昇し、東側の低地はさらに約5cm下降した。

　こうした活動は六甲変動とよばれる地殻変動で、約100万年前から始まっている。100万年のうちに何度か同様の上昇運動を経て、現在の六甲山系など、大阪湾を取り囲む山地が形成された。

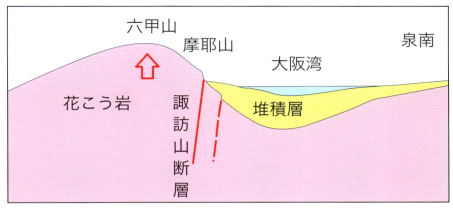

▲断層運動で上昇した六甲山や摩耶山。

野島断層

　1995年1月17日に発生した兵庫県南部地震では、地表に野島断層が現れた。地震に伴う断層としては近年にはない大きな規模であった。
　その延長は淡路島北西部で約10kmあり、右横ずれが約1〜2m、垂直方向では南東側に0.5〜1.2m上昇した逆断層であった。断層面の一部が連続して見られ、ずれの様子がよく観察できる。また、その断層の一部は野島断層記念館に保存されている。

◀中央を左右に通る野島断層によって畑の畝が右にずれを起こしている。

ACTIVE FAULTS
21 断層の谷をつらぬく中国自動車道

安富・土万・大原断層
やすとみ・ひじま・おおはら

❶ 兵庫県宍粟市・姫路市
❷ 19km［安富］、21km［土万］、33km［大原］
❸ 山崎断層帯主部（約79km）
❹ 左横ずれ断層
❺ 北東側に隆起
❻ 1m［水平］、0.1m［上下］／千年
❼ 1：2

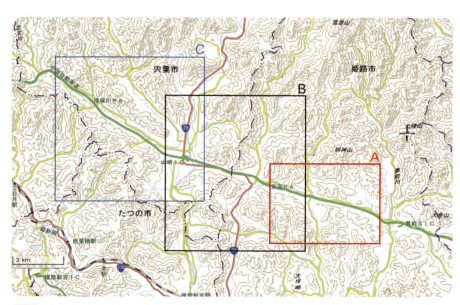

平面地形図　山崎断層帯主部は3つの断層によって構成されている。A〜C枠内が3D地形図で示した範囲。

A. 安富断層東部（赤枠）

3D 地形図 南から北方向を見る。

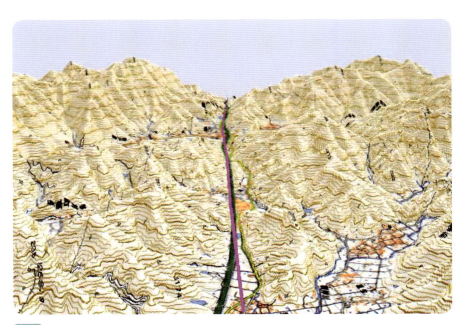

3D 地形図 東南東から西北西方向を見る。

B. 安富断層西部（黒枠）

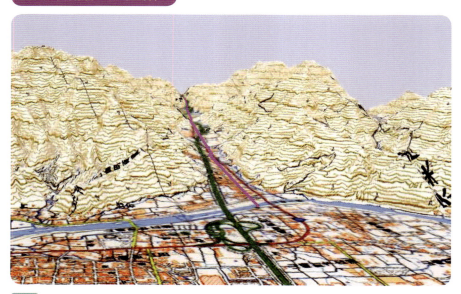

3D地形図 西から東を見る。山崎町市街地から東方に延びる山崎断層帯。

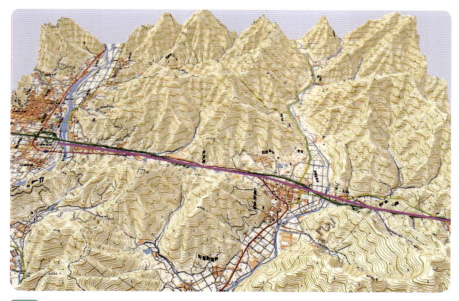

3D地形図 南から北方向を見る。

郵便はがき

5788790

料金受取人払郵便

河内郵便局
承認

149

差出有効期間
平成30年9月
30日まで

（期間後は
切手を
お貼り下さい）

東大阪市川田3丁目1番27号

株式会社 創元社 通信販売 係

創元社愛読者アンケート

今回お買いあげ
いただいた本

[ご感想]

本書を何でお知りになりましたか（新聞・雑誌名もお書きください）
1. 書店　2. 広告（　　　　　　　　）　3. 書評（　　　　　　　　）　4. Web
5. その他（

●この注文書にて最寄の書店へお申し込み下さい。

<table>
<tr><th colspan="2">書　名</th><th>冊数</th></tr>
<tr><td rowspan="4">書籍注文書</td><td></td><td></td></tr>
<tr><td></td><td></td></tr>
<tr><td></td><td></td></tr>
<tr><td></td><td></td></tr>
</table>

●書店ご不便の場合は直接御送本も致します。

代金は書籍到着後、郵便局もしくはコンビニエンスストアにてお支払い下さい。(振込用紙同封) 購入金額が3,000円未満の場合は、送料一律360円をご負担下さい。3,000円以上の場合は送料は無料です。

※購入金額が1万円以上になりますと代金引換宅急便となります。ご了承下さい。(下記に記入)

希望配達日時

【　　月　　日 午前・午後　12-14・14-16・16-18・18-20・20-21】
(投函からお手元に届くまで7日程かかります)

※購入金額が1万円未満の方で代金引換もしくは宅急便を希望される方はご連絡下さい。

通信販売係　　Tel 050-3539-2345　Fax 072-960-2392
　　　　　　　Eメール tsuhan@sogensha.com
　　　　　　　※ホームページでのご注文も承ります。

〈太枠内は必ずご記入下さい。(電話番号も必ずご記入下さい。)〉

お名前	フリガナ	歳
		男・女

ご住所	フリガナ
	□□□-□□□□　E-mail:　　　TEL　　－　　　－

※ご記入いただいた個人情報につきましては、弊社からお客様へのご案内以外の用途には使用致しません。

左の3D地形図とほぼ同じ方向を上空から見る。

C.土万・大原断層（青枠）

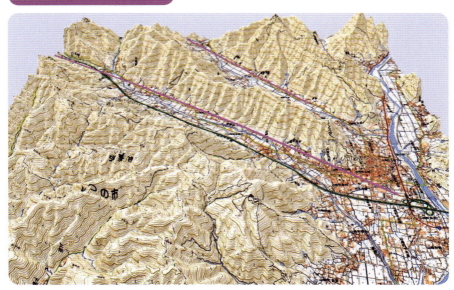

3D地形図 南から北方向を見る。手前の紫線が土万断層、奥が大原断層。

3D地形図 南東から北西方向を見る。

▲ 上の3D地形図とほぼ同じ方向を上空から見る。

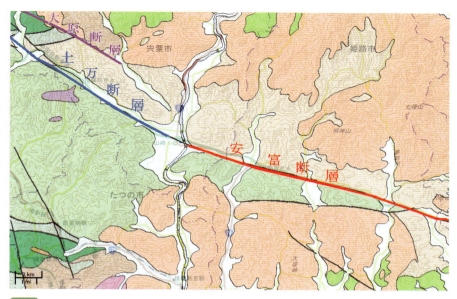

地質図 図中の断層の右端が夢前町、左端が山崎町葛根である。

中国自動車道と安富断層

　中国自動車道とほぼ同じところを**安富断層**が通過していることはよく知られている。高速道路を建設するさい断層露頭が観察されており、また周辺にも特徴的な断層地形が見られる。

　福崎ICから中国自動車道を西に進むと、夢前ICの手前から、直性状の谷間がまっすぐに西北西に続いている（平面地形図Aの範囲）。夢前川、菅生川を越えた先の「春峠(うすづく)」には京都大学の地殻変動観測所があり、観測器具が山崎断層を横断するように設置されていて、常時この断層の動きを監視している。同じ地形はさらに安富PA、林田川、山崎IC……と西へ続くが（Bの範囲）、これほどきれいな直線状の谷を作り出す断層も少ない。

　揖保川PAを過ぎて約5km先で、道路は大きく左に曲がる。福崎IC付近からこの曲がり角までの約30km、中国自動車道は**山崎断層帯**の上を通過しているのである（Cの範囲）。

山崎断層帯は中国自動車道のカーブに合わせては曲がらず、これまでの方向性を保ってさらに西へ直進し、岡山県に入り、美作市大原の鳥取自動車道大原IC付近まで続く。

山崎断層帯

　兵庫県中部の周辺の断層群を合わせて山崎断層帯という。
　その主部は**大原断層**、**土万断層**、安富断層などで構成されており、岡山県美作市（旧・勝田郡勝田町）から兵庫県三木市まで、ほぼ西北西―東南東方向に、それぞれの断層が連なるように分布している。全長約79kmの左横ずれ断層である。
　山崎断層帯が左横ずれ断層であることは、断層をまたがる川の屈曲を見ても分かる。

▲ 山崎断層帯の全体。

21 安富・土万・大原断層

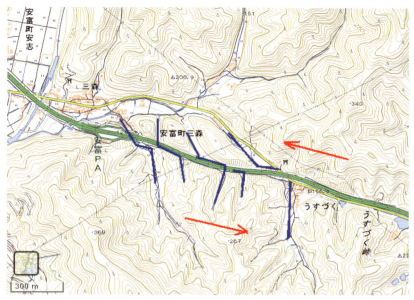

▲ 高速道路の部分に山崎断層が通る。青線で表される小河川を見ると、断層で左横ずれを起こしていることが分かる。

◀ 山崎断層帯のトレンチ調査。手前がトレンチの側面で、黒い岩と茶色い岩の縦の境界が断層。その延長は、写真奥に見えるV字型の谷へと続く。断層の影響が地形にも現れていることが分かる。

ACTIVE FAULTS
22

ディーゼルカーでゆく伊賀の盆地

伊賀(いが)断層

- ❶ 三重県伊賀市
- ❷ 約17km
- ❸ 木津川(きづがわ)断層帯（約31km）
- ❹ 逆・右横ずれ断層
- ❺ 北側が隆起
- ❻ 0.1〜0.6m（上下）/千年
- ❼ 1：2

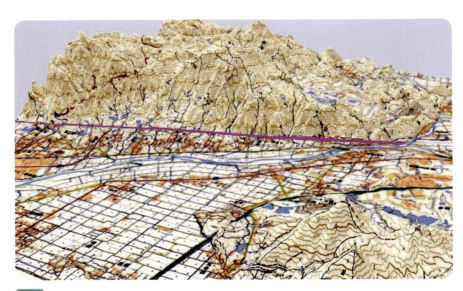

 南東から北西方向を見る。

22 伊賀断層

3D地形図 東から西方向を見る。

平面地形図 赤枠内が3D地形図で示した範囲。

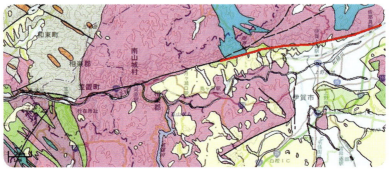

地質図
東西に延びる木津川断層帯のうち、赤線部分が伊賀断層。

ディーゼルカーで伊賀盆地へ

　JR関西本線の加茂駅から亀山駅までは、かつては天王寺駅から東京方面への列車など運行本数が多かった時代もあったが、現在では1〜2両のディーゼルカーが1時間に1本ほど通っている。

　大阪方面から加茂駅までは快速電車が通っているが、それより先は単線の非電化区間である。

　ディーゼルカーは加茂駅を出るとすぐ木津川に沿って上流へ向かう。次の笠置駅を過ぎると、木津川は渓谷になり、急流をカヌーが行くのが見える。川向こうには衝立のような山地が川と平行にそびえ、鉄橋を渡ると、列車は狭い谷間を通過していく。この谷間が**木津川断層帯**の直上である。

　谷を抜けるとまた右手に川が見えてくる。月ヶ瀬口駅や島ヶ原駅を過ぎて、伊賀の盆地に入っていく。この辺りでも、左の車窓からまっすぐ東西に延びる山地が見え、麓に同じく木津川断層帯が通っている。前頁の3D地形図に見られるのは、伊賀上野駅〜佐那具駅付近までの範囲で、この辺りを特に**伊賀断層**という。

▲ JR佐那具駅付近。低地と山地の境界が木津川断層帯。

安政元年夏の地震

　木津川断層帯は西から島ヶ原断層、音羽断層、伊賀断層に分けられる。全体としては東北東から西南西方向に約31kmあり、北側が上昇した逆断層である。右横ずれも多少認められる。

　最近の活動は1854年（安政元）の**伊賀上野地震**である。この地震は「安政元年夏の地震」と呼ばれ、近畿中部で起きた地震としては特に大きな被害が出た。震源に近い伊賀上野付近の揺れが大きく、上野城の大手門の石垣や崖くずれも多発し、周辺だけでも600名以上の死者が出た。

　この地震で地表には地震断層や陥没地形が生じ、JR伊賀上野駅の北約1kmの雑木林の中に、地震断層が現存していることが報告されている。

空から見た木津川断層帯

　上空から木津川の上流方向を見ると、川の右岸に、山地が東へと平行に続いているのがわかる。おおよそこの山地の麓が木津川断層帯の位置であるが、地形からもそれがよくわかる。

▲ 写真奥の山の稜線が凹状になっているところが木津川断層帯。そこから写真の左下へ直線状に続く山のすそ野が断層の伸びている位置。

ACTIVE FAULTS 23 花々が自生する湿地を生んだ

多気(たき)断層

① 三重県多気町
② 約22km
③ 中央構造線(ちゅうおうこうぞうせん)（1000km以上）
④ 逆断層
⑤ 北側が隆起
⑥ ―
⑦ 1：2

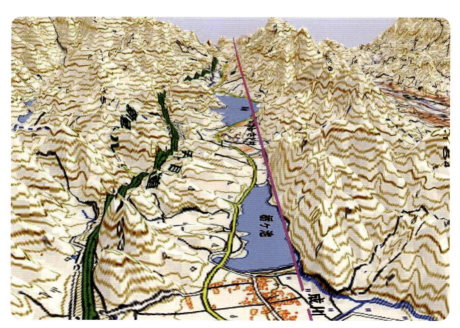

3D 地形図 東から西方向を見る。

23 ― 多気断層

3D地形図 南から北を見る。

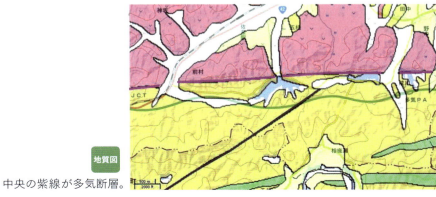

地質図 中央の紫線が多気断層。

栃ヶ池の湿地植物群落

　伊勢自動車道の勢和多気ICから伊勢方面に進みしばらく行くと、多気SAがある。ここに車を置いて約500m離れた栃ヶ池へ歩いて行こう。堰堤に立つと、池がほぼ西方向に広がっているのがわかる。また池の北側を見ると、ほとんど直線状の岸が東西に伸びている。この直線部分に、中央構造線が通っている。

　約10ヘクタールにもなる栃ヶ池は、江戸時代以前より周辺地域の田畑を潤す重要な農業用水池であった。また、池の南沿いの道からは、池側の湿地にクチナシの自生地が見える。その数は約1000株以上にもなるといい、これほど大規模に自生するのは大変珍しいそうだ。そのほか、池周辺には湿地性のいろいろな植物（ハナショウブ、カキツバタ、ミズハナビなど）が自生している。そのため、この湿地は県の天然記念物に指定されている。

　池のそばにこのような湿地ができるのも、断層の割れ目などから地下水がしみ出すことが影響していると考えられる。

▲ 栃ヶ池。直線状の池岸が構造線の位置。

断層が見える崖

　栃ヶ池から約7km離れた勢和多気JCのすぐ西・勢和に、中央構造線の断層が見える場所がある。

　広い採石場跡の西方にある崖の左側に、斜めに筋が入った地層が見える。この筋より北側（向かって右手側）は片麻岩でできているが、南側（左側）は結晶片岩の破砕された岩石が黒くなって露出している。

▶ 勢和の崖。黒い斜めの筋が断層、そこより右が片麻岩、左が結晶片岩の破砕された岩石。

◀ 月出の崖。赤線が断層。その右側（南）は結晶片岩の破砕された岩石。左側（北）は片麻岩が出ている。

　もう一箇所は、勢和の崖からさらに西の高見山に近い、月出の集落の山手にある崖である。この路頭は天然記念物に指定され、保存保護されている。
　このほか、櫛田川の川原では、断層により岩石の途切れるところなどが観察できる。

多気町の中央構造線

　「多気町史」（多気町史編纂委員会編纂）に掲載されている栃ヶ池周辺の地質を見てみよう。

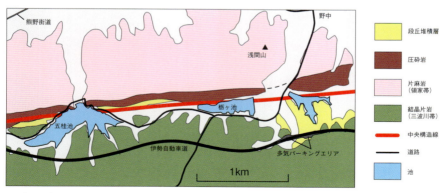

▲ 栃ヶ池周辺の地質図。池は左から五桂池、栃ヶ池、桧皮池（「多気町史」の図をもとに著者作成）。

池の北端近くを断層が通っているが、そのすぐ北には断層活動によって作られた圧砕岩が東西に分布している。さらにその北には片麻岩が（領家帯）、断層の南側には結晶片岩が分布している（三波川帯）。このような岩石分布が中央構造線をはさんだ地質の一般的な傾向である。

▲ 中央構造線の分布。青い◎印は本書掲載箇所。

ACTIVE FAULTS 24

紀伊半島を横切る中央構造線

根来断層
ねごろ

① 和歌山県和歌山市
② 約20km
③ 中央構造線（1000km以上）
④ 逆・右横ずれ断層
⑤ 北側が隆起
⑥ 1～3m［水平］、0.1～0.3m［上下］／千年
⑦ 1：2

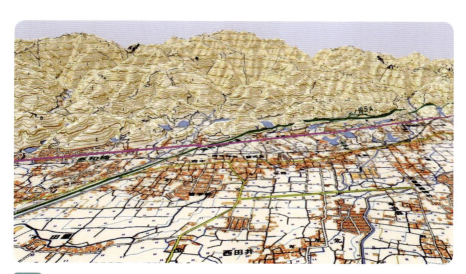

3D 地形図 南から北方向を見る。

24 根来断層

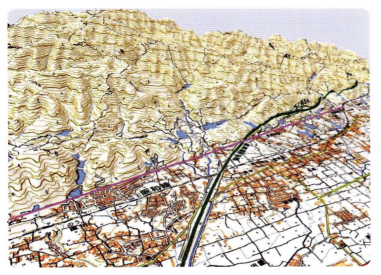

3D 地形図 西南西から東北東を見る。

平面 地形図

地質図 中央の紫線が根来断層。

JR阪和線から見る断層地形

　大阪の天王寺駅から和歌山駅へ向かうJR阪和線は、大阪府と和歌山県の境界を通過するとき、和泉山地をトンネルで抜ける。大阪側から和歌山側にトンネルを出ると、紀ノ川と、その両岸にできた谷底平野が前方に見えてくる。さらに進むと列車は山地の斜面を徐々に下り平野に降りるが、この斜面を下る途中で**根来断層**に沿うように断層崖を下っていく。車窓からもこの地形の変化はよく分かる。紀伊駅を通過するころ、右の窓から和泉山地が東西方向に真っすぐ続いているのが見えるが、その麓に沿って根来断層が通っている。

　自動車で行く場合は、阪和自動車道の紀ノ川SAで休憩しよう。ここから東の方向を見ると、和泉山地が東に延び、その麓の紀ノ川の谷底平野との境界がよく見える。この地形の変わり目に根来断層が通っている。

▲ JR阪和線六十谷駅から見た和泉山地と紀ノ川谷底平野（手前）。山地と平野との境界付近が根来断層。

農道沿いの断層露頭

　根来断層は、3D地形図の範囲より東に約5km行った根来寺付近を通り、さらに同方向に延びている。根来寺のすぐ南を東西に紀ノ川広域農道が通っているが、この道路を建設するときに、寺の近くで根来断層の露頭が見つかった（1980年9月）。その断層露頭の一部は現在も保存されている。

24 根来断層

▲ 根来断層を保存した崖。普段はシートで覆われている部分で断層を見ることができる。

　農道が通る切り通しの南側斜面に長方形のシートで覆われた部分があり、シートをめくると断層が見られるようになっている。近くに立つ説明板によれば、この露頭に現れているのは、約7000万年前の砂岩や泥岩層（和泉層群）が、約100〜200万年前の地層（菖蒲谷層）に逆断層で乗りあがっている部分だということである。

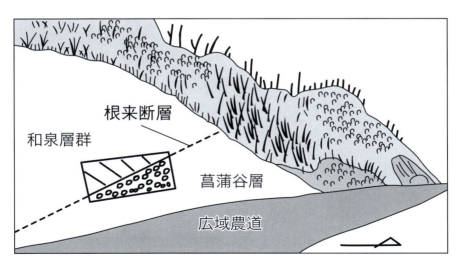

▲ 写真の崖のスケッチ。

根来断層

　紀伊半島を通過する中央構造線の、和歌山市から奈良県五條市付近までを見てみよう。いくつかの断層が途切れたり重なったりしつつも、紀ノ川の右岸、和泉山地の南縁の辺りを、全体として東西に延びている。

　根来断層はその中央構造線の一部を成している。和歌山市湯屋谷付近から東に延びて阪和自動車道と平行に進み、その後JR阪和線に沿い、さらに岩出市の根来寺付近を通過し、紀の川市打出付近まで伸びている。その延長は約20kmである。

　根来断層の最近の活動は、産総研のトレンチ調査などから、西暦100年以降1200年以前と推定されている。そのため8世紀に起きた近畿地方一円を襲った地震の震源は、この断層活動であると考えられる。

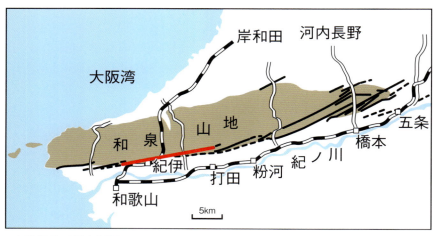

▲ 赤線部分が根来断層。

▲ 和歌山駅付近から見た和泉山脈。山麓を根来断層が通っている。

　また、下図に青線で示される小河川をみると、根来断層を横切るところで右方向にずれているのがわかる。これはこの断層が現在でも活動していることを示している。

根来断層（赤線）部分で山地からの小河川が右横ずれを起こしている。

ACTIVE FAULTS 25 吉野川の清流を生んだ中央構造線

池田断層
（いけだ）

- ① 徳島県三好市・東みよし町
- ② 約47km
- ③ 中央構造線（1000km以上）
- ④ 逆・右横ずれ断層
- ⑤ 北に隆起
- ⑥ 4.9m/千年
- ⑦ 1：2

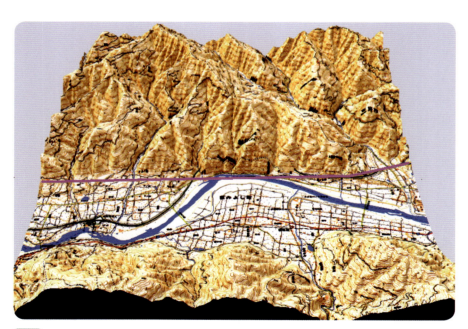

 南から北を見る。

25 池田断層

3D地形図 西から東方向を見る。

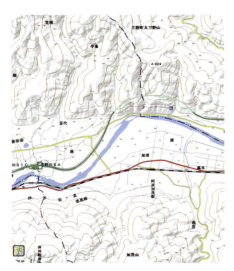

平面地形図

地質図 中央の紫線が池田断層。

吉野川に沿った断層

　徳島市から徳島自動車道を西へ走ると、土成ICの手前から右手に讃岐山脈、左手に吉野川という景色が、どこまでも続く。

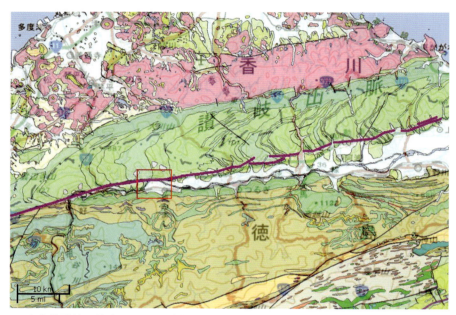

▲ 中央構造線は徳島県ではほぼ東西に直線状に続いている。赤枠は3D地形図で示した範囲。

　上の地質図を見てもわかるように、**中央構造線**は徳島県では吉野川左岸に沿って讃岐山脈の南縁を東西に通っている。地質は構造線を境に両側で大きく異なっており、徳島県では構造線の北側に約6000万年前の和泉層群と呼ばれる砂岩・泥岩を中心とした堆積岩が、いっぽう南側には三波川帯と呼ばれる約1億年前に変成作用を受けてできた結晶片岩を中心とした岩石が分布している。

　吉野川は地盤の弱い断層部分が浸食されてできた。この川が、河口から約50kmの長い距離を蛇行せず直線に近い状態で流れているのも、断層の影響を示唆している。

▲ 吉野川に沿った中央構造線。徳島市付近から上流方向（西方向）を見る。

撫養街道

　現在、徳島自動車道となっている道は、8世紀頃から**撫養街道**と呼ばれ、現在の鳴門市撫養町岡崎港に着いた旅人が、吉野川左岸を直線的に延びる道を通って池田へと向かい、伊予街道へ出るのに利用されていた。これも断層によって生まれた直線的な地形を利用した街道のひとつである。

　江戸時代になるとお遍路の巡礼も盛んになり、撫養街道を経て一番札所に向かう人々でにぎわった。

▲ 東みよし町の吉野川川原から上流方向を見る。山のすそ野と川の境界が中央構造線。徳島自動車道は、この辺りではトンネルとなっている。

徳島県の中央構造線

　中央構造線は、長野県天竜川から始まり愛知県豊川、三重県櫛田川、和歌山県紀ノ川を経て四国に入り、徳島県吉野川、愛媛県へと続き九州へと延びていると思われる。

　吉野川へ流れ込む小河川の流路の屈曲などからも、徳島県内の中央構造線が右横ずれ断層で、かつ断層の北側（讃岐山脈）が上昇した逆断層と判断できる。

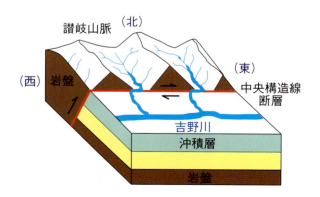

▲ 紫線が中央構造線内の各断層、青線が河川。断層を境に流路が右横ずれしている。

吉野川を横切る中央構造線

　四国の中央構造線断層は吉野川に沿ってほぼ平行に伸びているとよく言われている。ところが徳島県西部の三好市三野町、東みよし町や三好市池田町では、中央構造線・池田断層が吉野川を横断する場所が3ヶ所もある。また三野の道の駅付近には河岸に断層露頭が観察できる場所もある。これは、この付近は吉野川が造る谷底低地が狭くなり、吉野川と両岸の山地が迫るので断層と川が接近することと、池田町では吉野川が90度近く方向を変えることによる。吉野川と中央構造線の並走はここで終わり、ここより西では四国山地と並走することになる。

ACTIVE FAULTS 26

宇宙からも見つけられる美しい断層線

石鎚断層
（いしづち）

① 愛媛県新居浜市・西条市
② 約37km
③ 中央構造線（1000km以上）
④ 右横ずれ断層
⑤ 南側が隆起
⑥ 2m／千年
⑦ 1：2

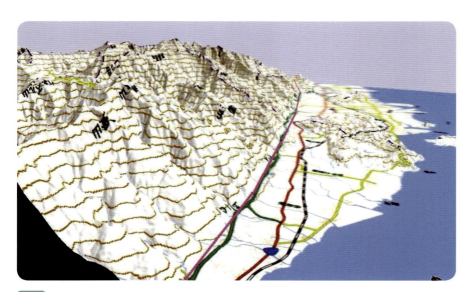

3D 地形図 東から西方向を見る。

26 ― 石鎚断層

3D地形図 北から南を見る。

平面地形図

地質図 赤線が石鎚断層。

見事な直線の断層崖

　JR新居浜駅から見える石鎚山地は、新居浜の町の南に衝立のようにそびえている。この東西に延びる山地と平野との境界付近に**石鎚断層**が通っている。

　また松山自動車道も、ほぼこの断層に沿って走っている。この道路を走っていると、車から見える景色は左右ではっきりと異なる。片側は山の斜面、もう一方は遠方の海までが見える平野の景色が延々と続く。新居浜ICで降り、少し行ってから振り返ると、この山地と平野の境界の様子がよくわかる。このような直線の山麓は道路にしやすいため、松山自動車道が作られたのだろう。

　石鎚山地の山すそを縫うように造られた歴史ある讃岐街道も、多くのお遍路さんが通って行ったことだろう。

　また、山地の北斜面には、三角形の崖が並ぶ断層地形（**三角末端面**）が顕著にみられる。

▲ 新居浜駅の南、国領川が山地から平野へ流れ出る出口のところ。中央左寄りに見えるアーチは国領川にかかる橋で、この付近を左右に断層が通っている。また、山頂から手前に延びる尾根は断層で切られ、三角末端面ができている。

▲ 三角末端面が並ぶ石鎚山地の北斜面。三角形の底辺の部分が断層。

衛星写真での観察に最適

　アメリカ合衆国の人工衛星ランドサット8の衛星画像で日本の各地を見てみると、断層地形がよくわかるところが多くある。中でも新居浜市付近の石鎚断層は、ひときわ鮮やかに直線状の断層地形を見せてくれる。中央構造線は比較的、衛星画像で判別がつきやすい構造線であるが、中でもこの付近は特徴が顕著なので、断層地形の画像として一般的によく利用されている。

▶ 緑色の山地と白っぽい平野との境界が中央構造線の石鎚断層（USGS/NASA）。

▲ 右手から奥へ続く山地と手前の低地との境界が中央構造線・石鎚断層。手前に見える川は関川。

断層上の湯之谷温泉

　JR予讃線石鎚山駅の南東すぐにある湯之谷温泉は、まさに石鎚断層の真上にあるといってもよい場所にある。近くに火山もないことから、この温泉は地下深くの温度の高い地下水が、断層に沿って上昇してきたものと思われる。

　泉質は弱アルカリ性の単純泉。源泉かけ流しのいいお湯で、日帰り入浴も可能である。温泉旅館の前を讃岐街道が通っていて、お遍路さんが歩いていく姿を見かけることもある。

赤点線が石鎚断層、赤丸が石鎚山駅と湯之谷温泉。

COLUMN 断層のふしぎ 1

中央構造線の謎

　中央構造線は誰もが知っている日本の第一級の横ずれ断層である。その延長は約1000kmにも及び、中部地方から紀伊半島を経て四国を横断して九州に到達する。その間に各所で典型的な断層地形が見られる。

　ところがその断層地形をよく見てみると、和歌山県の紀ノ川沿いや、四国の吉野川とその西に延びた新居浜付近の直線状の山すそなどは、その地形的な特徴がはっきり分かるものの、四国の西部付近から九州にかけて、しだいに分かりにくくなっている。

　なぜ一つの断層でもこのように地形への現れ方が異なるのだろうか。もう少し詳しく断層の様子を見てみると、地形にはっきり現れているところは断層の傾斜が垂直に近いのに対し、はっきり地形に現れていないところは、断層の傾斜が低角度であることが多い。

　実は中央構造線には、傾斜がきつい断層と低角度の断層の2種類が混じっているのである。しかもこの2つの断層は、できた時期も異なるという。低角度の断層はより古く、約2000万年前に横ずれをともなって活動した。九州から中部地方までの1000kmもの断層がこれにあたる。一方、地形に明瞭に現れている高角度の断層は、第四紀における活動で生じたものである。

　つまり、たまたま年代や性質の異なる2つの断層が重なったために、同じ中央構造線上でも異なる地形が生まれたのである。

ACTIVE FAULTS

27 長者ヶ原断層

銅鉱山で財をなした長者のお膝元？

① 広島県福山市長者ヶ原
② 約10km
③ 長者ヶ原－芳井断層帯（約30km）
④ 右横ずれ断層
⑤ －
⑥ 0.1m／千年
⑦ 1：2

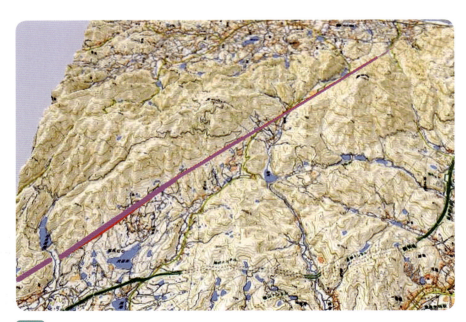

3D 地形図 南から北方向を見る。

27 長者ヶ原断層

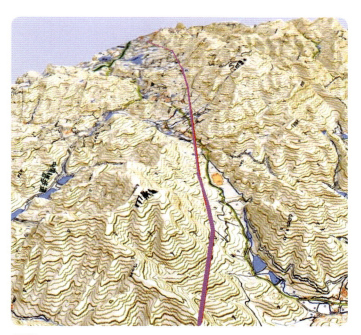

3D地形図 北東から南西方向を見る。

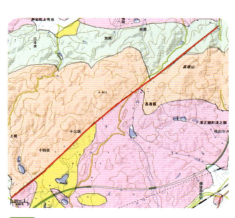

地質図 赤線が長者ヶ原断層。

平面地形図

長者ヶ原断層

　福山市の西方にそびえる高増山(398.9m)と、その西にある大谷山(401.0m)の間にある谷の中で、盆地状に少し開けたところが、長者ヶ原である。長者ヶ原は標高が150～200mで、その西斜面に断層が通っている。

▲長者ヶ原盆地状地形の西縁の断層崖。

　山陽本線の松永駅から、羽原川に沿って県道157号を北東(上流方向)へ進み、松永道路や山陽自動車道の高架をくぐり1kmほど行くと、左側に山並みが見えてくる。これが大谷山の山地で、その山麓付近を**長者ヶ原断層**が通っている。
　さらに県道157号を北東へ進むと標高180mの小さな峠を越える。この峠も断層の影響で作られた鞍部で、峠をこえた先が長者ヶ原である。長者ヶ原に入ると、断層は県道157号に沿って北東へ伸びている。そこをさらに進み、長者ヶ原の北東端で、再び標高190mの峠に差しかかる。この峠も断層が通過している。
　峠を越えると、断層は谷の東側にそびえる高増山の斜面に移る。断層は、この斜面が急傾斜から緩傾斜に移り変わる部分を通過している。

27 長者ヶ原断層

◀ 図上部の円部分には、ケルンコルやケルンバットも見られる。

断層で川が曲がる

　長者ヶ原断層を横断する小河川の流路を見てみると、多くの箇所で右に屈曲しているところがみられる。このことから、この断層は右横ずれ断層であることが推測される。

　さらに最近の広島県などの調査では、長者ヶ原断層の北東側の延長線上にある芳井断層も、同じ系統の断層であることが指摘され、全体の長さが約30kmにもなる活断層であることが報告されている。

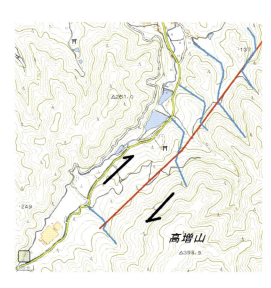

「長者ヶ原」の由来

　長者ヶ原と呼ばれる地名は、長者が住んでいたのかと思わせるが、一説によると室町時代（15世紀）にこの辺りに住んでいた「新庄太郎」だということである。彼が尾道にある西国寺の復興のために多額の資金を寄付したことが寺の記録に残っている。その資金の出所として、この周辺にはかつての銅鉱山跡が点々と残っていることから、新庄太郎がこれらの銅山を経営していたのではないかと考えられている。

　当時、室町幕府は中国の明と交易があり、銅を輸出して、大陸で加工された銅銭を大量に輸入していた。新庄太郎もそのための銅を輸出し、それで財を得たのだろう。そこで新庄太郎が住んでいたあたりを長者ヶ原と呼ぶようになったのではないかといわれている。

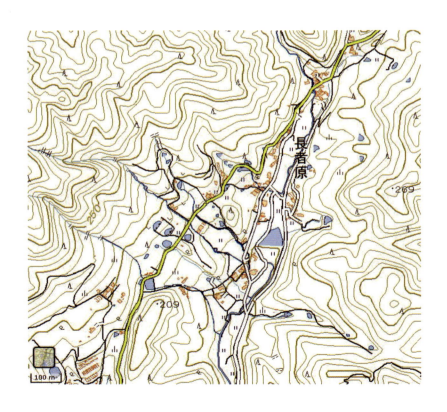

COLUMN 世界の断層 ④

インドネシア パル断層

　インドネシアのスラウェシ島の中部スラウェシ州の州都であるパルから南南東に延びる断層がある。これがパル断層でインドネシアではスマトラ断層に次いで活発な活動を伴う断層である。2012年8月の5名が死亡したリンドゥ湖を震源とする地震もこの断層の活動だと考えられている。

山すそがパル断層

矢印が上の写真の部分

ACTIVE FAULTS 28

北東―南西方向の断層が平行する中国地方西部

筒賀断層

1. 広島県北西部
2. 約16km
3. 筒賀断層帯（約16km）
4. 右横ずれ断層
5. ―
6. ―
7. 1：2

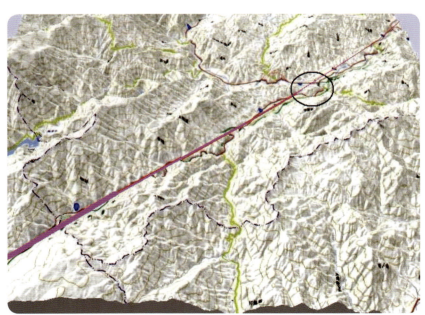

3D地形図 南から北方向を見る。黒丸は八幡原付近のケルンコルとケルンバット。

28 筒賀断層

3D地形図 東から西方向を見る。

平面地形図

地質図 赤線が筒賀断層。

筒賀断層と中国自動車道

　中国自動車道の戸河内ICから西に向かうと、V字型の直線の谷がまっすぐに続き、それに国道186号や筒賀川も並行している。高速道路ができる以前から人々は交通路としてこの谷を利用してきた。断層付近は直線状の谷地形になりやすく、道路の敷設に適していたのである。

　だが実際に中国自動車道を走ると、谷を抜けるまでに何度もトンネルを通ることに気づく。なぜ谷間の道にトンネルが多いのだろうか。

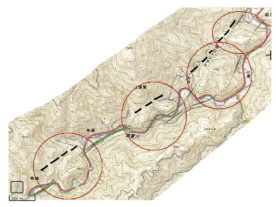

▲ 黒点線が断層。赤丸の部分がケルンコルとケルンバットになっている。

　実はこの断層沿いには、山地の枝尾根が断層によって切られ、さらに断層部分が浸食されてできた鞍部(**ケルンコル**)と、切り離された尾根が浸食されずに残った小丘(**ケルンバット**)がいくつもできている。したがって断層谷に沿って道路を通すには、トンネルを掘ってケルンバットを越えるしかないのである。

◀ 八幡原付近のケルンコルとケルンバット。中央の凹地を断層が通過している。

▲ 戸河内ICの北西方向に見える三角末端面の連続。

　また、この断層は南の冠山やその北の女鹿平山の麓も通るが、この2つの山の南東斜面に、断層地形である**三角末端面**が見られる。断層の存在は多くの場合、こうした断層付近に特徴的な地形から推定されている。
　筒賀断層は戸河内ICから北東方向へさらに約30kmも延びていて、火野山付近・江の川まで断層地形をたどることができる。
　南への延長は、冠山の麓から国道434号および宇佐川に沿って、はるか山口県周南市の菅野ダムまで続いている。総延長約90kmにもなる大断層である。

平行に走る断層群と温泉

　広島県北西部には、北東―南西方向に尾根や谷がいくつも並行している。次の地質図は周辺の断層群を示したもので、赤枠内が3D地形図で見た部分である。

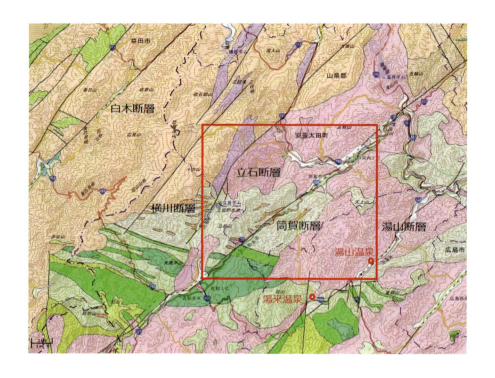

　筒賀断層と平行にある湯山断層の断層上に、湯山温泉と湯来温泉がある。いずれも黒雲母花こう岩の中の断層を伝って地下から上昇してきた、高温の地下水である。2つの温泉はともに1200年以上の歴史を持ち、ラドンを豊富に含んだ温泉で、神経痛などに効能があるという。
　広島市内からも近く、奥座敷として利用されている。

▶ 湯来温泉の宿の向かいに湯山断層の断層崖が見える。

COLUMN 世界の断層 5

アイスランド　ギャオ

　アイスランドは世界でも数少ない海底山脈（海嶺）が地表に現れているところだ。この海嶺は大西洋の中央を南北に延び、そこを境に東側がユーラシアプレート、西側が北アメリカプレートである。海嶺を境としてそれぞれのプレートは左右に広がっていくため、海嶺の山頂付近は正断層で割れて溝（ギャオ）ができる。その正断層の溝を、アイスランドでは地表で見ることができる。

中央が正断層でできた溝（ギャオ）

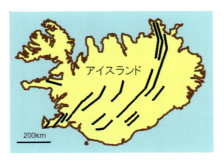

北北東から南西に延びる黒い線群がギャオで、これを境に右側がユーラシアプレート、左側が北アメリカプレートに属する。

ACTIVE FAULTS
29
美しい谷を造り川の流れを奪った
大竹断層
おおたけ

① 広島県大竹市、山口県岩国市(いわくに)
② 約26km
③ 大竹－岩国断層帯(いわくにだんそうたい)（約58km）
④ 右横ずれ断層
⑤ 西側が隆起
⑥ 0.1m／千年
⑦ 1：2

 南から北方向を見る。

29 大竹断層

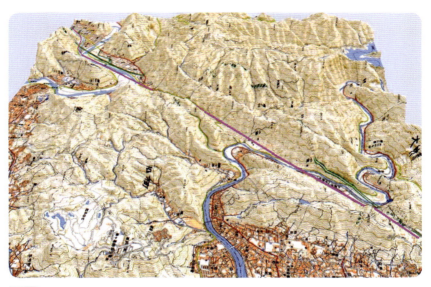

3D地形図 北から南方向を見る。

平面地形図 上端に小瀬川、下端に錦川が流れる。

地質図 赤線が大竹断層。

▲ 右の山すそとそれに沿って流れる錦川との境界の直線的な部分が大竹断層。奥の稜線の凹みへと続いている。

直線的なふたつの川と山陽道

　JR山陽新幹線・新岩国駅を東側に出て100mほど東に行くと、小さな御庄川に出る。その川沿いの道を下流へ1kmほど行くと多田で大きな錦川に合流する。この部分から錦川は流路を90度変え、約1.5kmの距離を直線的に北上する。合流地点から錦川の下流方向を見ると、谷間を造る山地の斜面が直線状に延びているのがわかる。

　同様に、小瀬川も大きく蛇行しているが、大竹市小方町小方から木野付近までは急に直線状に変わり、V字型の谷を作って流れている。
これら2つの川の直線部分を延長すると、同じ1本の線となる。この直線が**大竹断層**である。

　この断層谷は日本でも最も見事な景観といわれ、いろいろな地形本で紹介されている。県道1号（旧山陽道）はこの谷間を通っているので、地形を観察するにはいい道路である。

小瀬川のせん入蛇行と河川争奪

　先述のとおり、小瀬川は弥栄ダム付近から上流は河川勾配もきつく蛇行しているが、ダムの下流から大竹断層までは特に大きく曲がりくねっている。山地で河川がこのように蛇行する現象を**せん入蛇行**という。

　せん入蛇行が起きるのは、もともと平坦な地形に川が蛇行して流れていた地域の地盤が地殻変動で上昇し、川底の浸食が激しくなり、蛇行した流路のまま深い谷を作るためなどと考えられている。

　また小瀬川は、弥栄ダム付近で佐坂川に合流するが、この川はかつては逆方向（現在の上流側）に流れており、西にある渋前川に流れ込んでいたことが分かっている。このように流れ込む川が変わる現象を河川の**争奪**と呼ぶ。つまり、小瀬川は以前は佐坂川を経て渋前川に入り、さらに錦川に合流して瀬戸内海に流れ込んでいたのだが、地殻変動で現在の流路に争奪されてしまったのである。

　このような河川のせん入蛇行や河川争奪現象がみられることはこの付近で断層などを伴う地殻変動があったことを示している。

▶ 小瀬川のせん入蛇行と河川争奪（赤矢印が旧小瀬川流路）。

ACTIVE FAULTS 30

海岸線の形を決めた山口県最大規模の大断層

菊川断層

① 山口県下関市（旧菊川町）
② 約24km
③ 菊川断層帯（約44km）
④ 逆・左横ずれ断層
⑤ 北東側が隆起
⑥ 0.3m／千年
⑦ 1：2

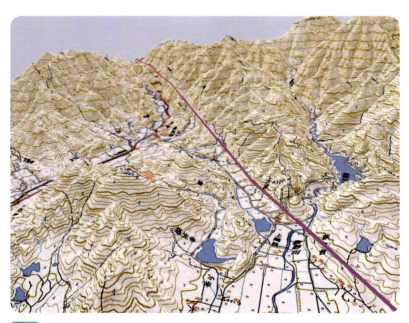

3D 地形図 南から北方向を見る。

30 菊川断層

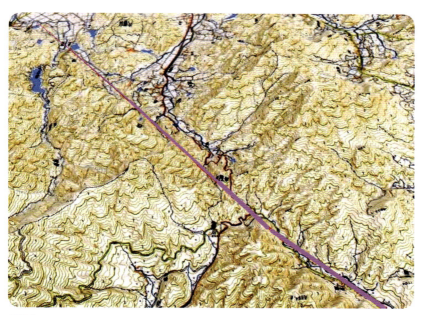

3D地形図 北から南方向を見る。

平面地形図

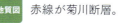

地質図 赤線が菊川断層。

旧菊川町

中国自動車道を小月ICで降り、国道491号を北上し田部大橋を越え、菊川町のバスターミナルを過ぎると上岡枝の交差点に出る。その先に、北西方向に延びる小道が上諏訪まで続いている。**菊川断層**はこの小道と平行に通っている。上諏訪からやや北向きになった小道を進むと、再び北西方向に向かう谷間に入る。この谷も菊川断層によるもので、さらに谷の奥まで進むと、再び国道491号に突き当たる。この辺りでは国道491号もこの断層に沿って通っている。国道は貴飯峠まで行くと断層から外れて北北東に向かうが、断層の谷は変わらず北西に延び、日本海まで続く。

菊川断層の名前は菊川町を断層が通過していることから名づけられた。現在は合併して下関市になったが、断層にその名が残っている。

▲ 上諏訪付近から南東方向へ伸びる断層崖。

ちなみに旧菊川町の特産はそうめんで、道の駅では揚げそうめんなど、いろいろなそうめん料理が味わえる。

川の屈曲

菊川断層が通っていると思われる上諏訪付近の小河川を調べてみると、多くの川で、流路が左に屈曲している。このことからこの断層は左横ずれを伴った活動をしてきたと考えられる。

また前頁の写真に見られるような断層崖が生じることから、断層の北東側が上昇する活動があったことも推定できる。

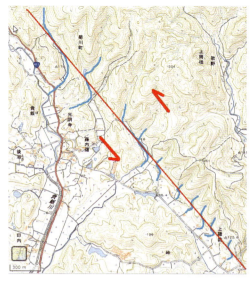

▲ 左横ずれを示唆する小河川の屈曲。

山口県最大規模の断層

菊川断層帯は旧菊川町を中心に、北西へ上諏訪、大藤、貴飯峠、本郷を経て、二見で海岸線に沿って神田岬に至る約20km、南東側には吉田、大持、山陽小野田市埴生を経て、津布田や本山町の海岸線に沿って本山岬まで約24kmの合計44kmを超える大断層である（次頁地図参照）。

その規模は日本海側でも瀬戸内側でも海岸線の形に影響をおよぼしているほどである。

▶ 断層が直線的な海岸線を造った。A〜Cの赤丸は温泉をあらわす。
A　津波敷温泉
B　大河内温泉
C　菊川温泉

断層上の３つの温泉

　津波敷温泉、大河内温泉、菊川温泉はいずれも上図に示したとおり、断層線付近にみられる。地下深いところにある温度の高い地下水が断層に沿って上昇することから、断層付近には温泉が湧出することが多い。
　津波敷温泉は一軒宿の自然湧出のラドン温泉。
　大河内温泉は含フッ素ラドン泉で、江戸時代から湯治客でにぎわった。
　菊川温泉はナトリウム－炭酸水素塩・塩化物泉であるが、ここの温泉もラドンを多く含む。菊川町の公共の施設である。

COLUMN 世界のふしぎ ②

世界に延びるフォッサマグナ

　本州の中央を縦断するフォッサマグナ西縁断層の延長は、日本海を北上し、ロシア・シベリアを通り、北極海を越え、大西洋に入ってアイスランドを通過する。さらに南へいくと、大西洋の中央海嶺の海底山脈を形成して連続している。

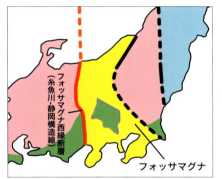

フォッサマグナ西縁断層の北への延長。

糸魚川フォッサマグナパークの展示板。

海底の地形も変化した大断層

西山断層

- ① 福岡県福津市・宗像市・宮若市など
- ② 約41km
- ③ 西山断層帯（約79km）
- ④ 左横ずれ断層
- ⑤ ―
- ⑥ 1.2m／千年
- ⑦ 1：2

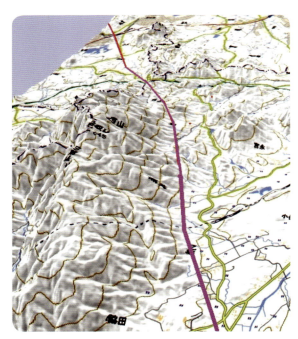

 南から北方向を見る。

31 ― 西山断層

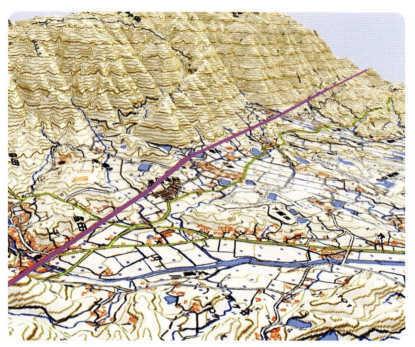

3D 地形図 東から西方向を見る。

平面 地形図

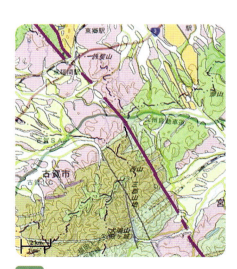

地質図 紫線が西山断層。

新幹線とクロスする西山断層

　九州自動車道の若宮ICを出て、県道30号で南へ行き、福丸橋の交差点を右折すると、県道21号に入る。またすぐに左折すると県道462号で、そこをしばらく進むと、正面に西山の山地が見えてくる。その麓に**西山断層**が通っている。左には新幹線の線路が正面の山地に直行するような方向に延びていて、トンネルを通ってこの山地を抜けている。

▲ 正面に見える山麓が西山断層。写真右の新幹線は西山をトンネルでぬける。

延長約120km以上もある大断層

　西山断層帯は福岡県福津市から南東方向に約79kmとされてきたが、近年の調査で海域にも延長されていること（後述）や陸上での部分が延長されるなどして、総延長が約120kmを超える大断層である可能性がでてきた。

　3D地形図で分かるとおり、西山の東斜面付近では断層崖の地形が現れているが、延長部分では断層による地形の比高が小さくなりわかりにくくなる。

都市圏活断層図の赤線は西山断層、緑の線が川の流路が曲がっているところを示している。これらの川が同じ直線上で左へずれていることから、西山断層は左横ずれ断層だと分かる。

　西山断層の陸上での北端は福津市であるが、そこから玄界灘へも伸びている可能性が2010年の海上保安庁の調査で分かった。測量船「海洋」による最新鋭の音響測深機を使った、響灘から玄界灘にかけての海底地形調査の結果、西

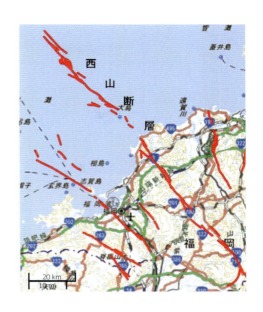

山断層の延長海域で、断層運動によって作られた横ずれと思われる段差や溝状地形などの海底地形が約30kmにわたって続いていることが明らかにされた。

脇田温泉

　西山断層のほぼ中間にある宮若市湯原には長い歴史を持つ脇田温泉が湧き出ている。

　ほとんど断層上にあるといっていい位置にあるので、脇田温泉も断層を伝って高温の地下水が地上に達した事例だろう。

2016年、未曾有の大地震が襲った

日奈久(ひなぐ)断層

- ❶ 熊本県宇城市・八千代市ほか
- ❷ 約37km
- ❸ 日奈久断層帯（約81km）
- ❹ 右横ずれ断層
- ❺ 南東側が隆起
- ❻ 0.8m/千年
- ❼ 1：2

3D地形図 西から東方向を見る。

32 ― 日奈久断層

3D 地形図 南西から北東方向を見る。

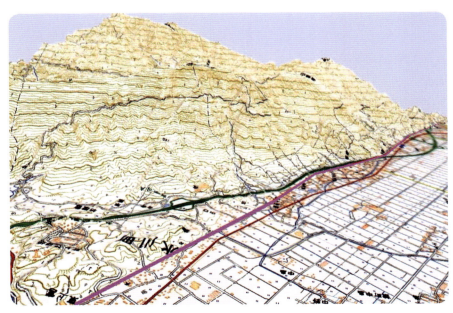

3D 地形図 北西から南東方向を見る。

| 平面地形図 | 地質図 赤線が日奈久断層。 |

九州新幹線から臨む

　JR鹿児島本線で熊本駅から八千代駅に向かうと、小川駅付近から新八千代駅までの間、左の車窓から九州山地の山並みが続く。

　新八千代駅は、九州新幹線と鹿児島本線が交差する平坦な八千代平野に作られた新しい駅である。これまでの八千代駅より2kmほど北の郊外にあるため、周囲は田畑が広がっていて見通しがよい。この駅から東の方を見ると、九州山地の山並みがよく見える。この山並みの麓を、**日奈久断層**が通っている。

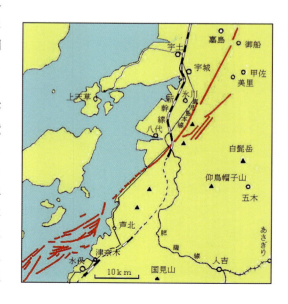

　この山地と八千代平野との境界が北東―南西方向の見事な直線になっていて断層の存在をうかがわせる。この境界線は南へさらに伸び、日奈久温泉付近から直線状の海岸線

へと続く。その延長は天草の海底へと連続する。

　この日奈久断層は宇城市松橋付近から南西方向へ、八千代市を経て日奈久温泉付近を通過し、海岸線に沿って御立岬まで、延長約37kmの長さがある。九州新幹線は新八千代駅を出ると、この断層を超えるところからトンネルに入り、九州山地の中を抜けて新水俣駅に出る。

▲ 遠景の山すそを日奈久断層が通る。右は九州新幹線新八代駅。

熊本地震と日奈久断層

　2016年4月14日、マグニチュード（M）6.4の大地震が熊本県熊本地方を襲った。翌15日もM6.4の地震が起き、以後は余震が続くだろうと思われていたが、16日にはさらに大きなM7.3の地震が発生し、これが本震であることが判明。それまでの地震は前震であると訂正された。本震以降も、熊本県阿蘇地方や大分県など周辺の地域でも規模の大きな地震が発生し、予断を許さない状況が続いた。

　最大震度7の地震が3回も連続して起き、また本震に先駆けて大地震が発生するなど、これまでの内陸地震とはやや異なる起き方である。しかもこれらの地震は震源の深さが約10km付近と浅く、そのため大きな被害が発生した。

　この3つの大きな地震の震源（震央）を見ると、次ページの図のように、日奈久断層に沿った位置かその延長にあたる場所で、その北部を通る**布田川断層**との接点付近にあたる場所でもある。また余震分布を見ると、日奈久断層の方向である南西方向と布田川断層が伸びる北東方向へと広がっていることから、この2つの断層が活動したと思われている。

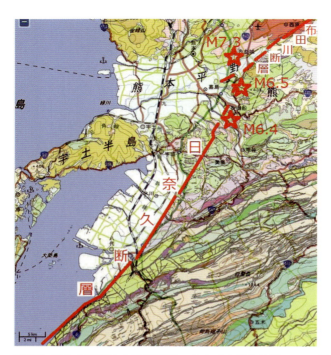

地質図 日奈久断層と布田川断層、および本震と前震3つの震源位置（産総研の地質図に加筆）。

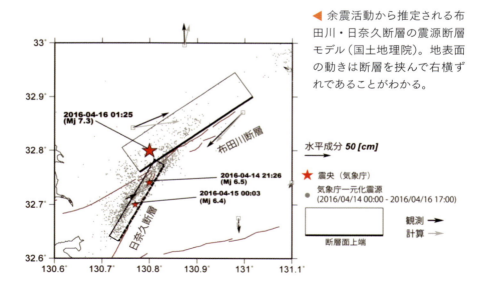

◀ 余震活動から推定される布田川・日奈久断層の震源断層モデル（国土地理院）。地表面の動きは断層を挟んで右横ずれであることがわかる。

断層周辺のGPS観測点の移動方向を見ると、矢印が示す地表面の移動方向は布田川断層や日奈久断層を挟んだ両側で反対方向に大きく移動していることから、右横ずれに動いたと思われる。

右横ずれ断層の証

　この断層を横切る小河川を見てみると、いくつかの場所で断層部分で右に屈曲する現象がみられる。たとえば宇城市豊野町上郷付近の白岩山南東斜面を通る日奈久断層を横断する小河川に右にずれるものが多い。
　このことから日奈久断層が右横ずれ断層で、全体を見ると断層の南東側が山地となっているため南東側が隆起したと考えられている。

▶日奈久断層を横切る小河川は右にずれている。

◀熊本地震後に撮影された益城町の畑（国土地理院）。右横ずれは、日奈久断層の延長にある布田川断層によるものと思われる。

国道3号（薩摩街道）

　国道3号は福岡県北九州市から鹿児島県鹿児島市まで続く九州の大幹線だが、日奈久断層付近では、宇城市小川町付近から南西へ、九州山地の山麓に沿って伸びている。氷川を渡って八代市に入り、球磨川を超える付近ではいったん八代市街に入るが、肥後高田駅付近から再びこの山麓に沿って南西に延び、日奈久温泉を経て、海岸線をゆく肥薩おれんじ鉄道と肥後二見駅付近まで並走する。ここまでが日奈久断層に沿った道である。
　江戸時代には国道3号線に沿って薩摩街道（鹿児島街道ともいう）が通っており、薩摩藩の参勤交代にも使われていた。

断層と日奈久温泉

　八千代駅から肥薩おれんじ鉄道に乗り、2つ目の駅が日奈久温泉である。駅から徒歩10分、山麓に温泉街があり、16軒の温泉宿が営業している。
　この辺りの地名が断層名の由来となったが、温泉はまさに日奈久断層の真上にある。温泉水は、断層の割れ目に沿って地下深くから温度の高い地下水が上昇してきたものと思われる。
　約600年前、足利尊氏の南北朝時代に開湯したとされている歴史ある温泉である。この地はまた薩摩街道が通っているので、参勤交代の折に島津公が立ち寄るなど、温泉地として栄えていった。
　泉質はアルカリ性単純泉で湯量も豊富なため、どの宿でもほとんど源泉かけ流しのお風呂が楽しめる。

32 日奈久断層

▲ 日奈久温泉駅より撮影。後方の山すそを日奈久断層が通る。

▲ 日奈久温泉街。

ACTIVE FAULTS 33

屈曲部にめずらしい盆地を造り出した

人吉断層

- ❶ 熊本県人吉市・錦町・あさぎり町・多良木町
- ❷ 約22km
- ❸ 人吉盆地南縁断層帯（約22km）
- ❹ 正断層
- ❺ 南東側に隆起
- ❻ 0.3m／千年
- ❼ 1：2

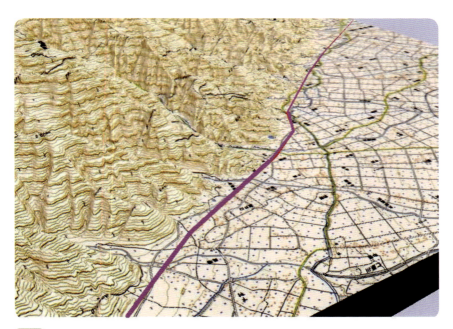

3D地形図　北東から南西方向を見る。

33 人吉断層

3D 地形図 西から東方向を見る。

赤線が人吉断層。

人吉盆地をゆく、くまがわ鉄道湯前線

▲ 白髭岳と手前の盆地との境界付近を人吉断層が通る。

　熊本方面から人吉駅までJR肥薩線に乗り、さらにくまがわ鉄道湯前線（かつての国鉄湯前線）に乗り換え、終点湯前駅まで行く。人吉〜湯前間の約25km、列車は人吉盆地の中を走る。右の車窓から田園風景の奥に白鬚岳（1417m）や黒原山（1017m）の山地が見えるが、これらの山の麓を**人吉断層**が通っている。

　人吉盆地は四方を山地で囲まれ、東西30km、南北15kmの楕円形の盆地で、中央を球磨川が東から西へ流れている。1両編成の列車は球磨川の左岸に沿って終点の湯前駅まで並走している。

▲ 人吉盆地（黄色）は周りの九州山地（緑色）に囲まれた盆地である。盆地の北側には高原・朝ノ迫断層、南側には人吉盆地南縁断層がある。

日本では珍しい正断層

人吉盆地南縁を通る人吉断層は、右横ずれを伴う正断層である。日本のほとんどの断層は逆断層や横ずれ断層で、正断層は九州の中部と南部の一部地域に限られている（ただし東北太平洋沖地震の余震で福島県に正断層が現れた例がある）。

日本列島は全体的に太平洋プレートやフィリピン海プレートの西進による圧縮の力が働き、逆断層や横ずれ断層が生じやすい。九州だけなぜ北北西―南南東方向に伸びる力が働く正断層が生じるのかはよく分かっていないが、九州は沖縄などの琉球弧の東端だとすると、沖縄トラフの拡大が関係しているともいわれている。また、中でも人吉盆地は他とは異なるでき方をしたと考えられている。

プルアパートベイズン

プルアパートベイズン（pull-apart-basin）とは横ずれ断層に伴って盆地が形成される典型例の一つで、プルアパートは"引き離す"、ベイズンは"盆地"という意味である。

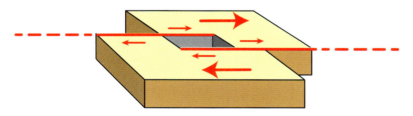

▲ 右横ずれ断層によってできるプルアパートベイズン。中央の灰色部分が盆地になる。

人吉付近も日本列島の多くの断層と同じように横ずれ断層ができたが、断層がカーブしている部分などにプルアパートベイズンができ、盆地となった。盆地部分が沈降するので、周囲の山地とは正断層で接することになる。

このように断層によって引っ張られてできた盆地は「プルアパートベイズン」、逆に押されて盛り上がった地形は「プレッシャーリッジ」と呼ばれる。

ACTIVE FAULTS

34 鹿児島湾東縁・西縁断層

桜島を囲むカルデラ湾岸の急崖

1. 鹿児島県姶良町・霧島市ほか
2. 約17km[東]、16km[西]
3. 鹿児島湾東縁・西縁断層帯（約33km）
4. 正断層
5. 東側[東]、西側[西]に隆起
6. ―
7. 1：2

3D 地形図 南から北方向を見る。湾の右岸が鹿児島湾東縁断層、左岸が鹿児島湾西縁断層。

34 鹿児島湾東縁・西縁断層

3D地形図 西から東方向を見る。

平面地形図

地質図 紫線Aが鹿児島湾西縁断層、Bが鹿児島湾東縁断層。

鹿児島湾岸には切り立った崖が多い

▲鹿児島湾西縁断層の崖下を通るJR日豊線の線路と国道10号。

　鹿児島駅からJR日豊線(にっぽう)に乗り姶良駅に向かう。駅を出てしばらく行くと海岸線に出るが、そこから列車は切り立った崖の迫るわずかな湾岸を進む。湾岸は国道10号と線路が通る幅しかない。この崖が**鹿児島湾西縁断層**の通っている場所である。この急崖は姶良駅のすぐ手前まで続く。

　また、対岸の鹿児島湾東岸にも急崖が遠望できる。こちらには国道220号が霧島市上野原(うえのはら)付近から湾に沿って時計回りに桜島(さくらじま)まで崖が続く。この崖は**鹿児島湾東縁断層**である。

▲遠方の山地急斜面の崖が鹿児島湾西縁断層によるもの。

鹿児島湾はカルデラ

　活発な活動が続く桜島の北に広がる鹿児島湾は円形で、また岸辺は急崖のところが多い。このような地形は、この湾がカルデラで、その凹地に海水が侵入してできたものである。このカルデラは姶良カルデラと呼ばれ、直径は約20kmにおよぶ。

約2万5千年前に大規模な火山活動がおき、大爆発とともに噴火口からは大量の火山灰や火砕流が噴出した。この時の火山灰は日本全土に降り積もり、東北地方でも5cmの火山灰層が確認されている。また、火砕流は姶良カルデラ周辺で40mの厚さにもなるシラス台地を造った。この大爆発で地下のマグマが大量に放出された結果、地盤が陥没してカルデラが形成された。その時カルデラ周囲の壁面には正断層の崖が現れた。地震にともなう活断層ではないと言われている珍しい例である。

▲ 姶良カルデラができた際の大爆発で噴出した火山灰の降灰分布と堆積した厚さ。

　鹿児島湾岸の急崖はこのカルデラの内壁にあたり、桜島もその一部である。現在でもカルデラの底から熱水などが噴き出していて、そのため時おり海面が泡立つ「たぎり」という現象が見られる。これもこのカルデラが今も活動している証拠である。また、この熱水は大量のレアメタルを含んでおり、海底にかなりの量が堆積しているということが近年発見され、大きな話題となった。

▲ 姶良カルデラの位置。

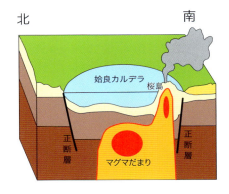
▲ 姶良カルデラの模式断面。

カルデラが並ぶ鹿児島湾岸

　鹿児島湾には姶良カルデラのほか、南には阿多カルデラと鬼界カルデラがある。さらに北には加久藤・小林カルデラがあり、陥没地形が北北東—南南西方向に並んでいる。このようなことから、鹿児島湾は溝状の地溝帯を造っているのではないか、また地盤が開いていくような引張の力が働いているのではないかとも言われる。日本列島はほとんどの地域で東西方向の圧縮の力が働いていることに比べ、九州は他地域と大きく異なる現象が起きている。

　また東西方向の地質構造を持つ西南日本と南南西方向に延びる琉球弧の地質構造とが、鹿児島県北部付近で交わっているほか、九州中部にも東西に延びる地溝帯がある。九州は全般的に、いわゆる伸張する力が働いているようだ。その溝からマグマが吹き出すため、九州には火山が多くあるのだろう。

掲載活断層一覧

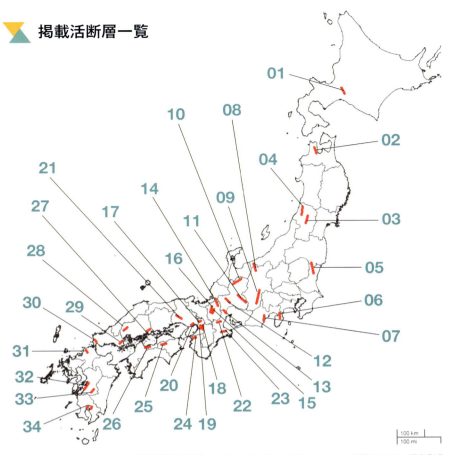

産総研地質調査総合センター、20万分の1日本シームレス地質図をもとに著者作成

01 泉郷断層（石狩低地東縁断層帯）
02 青森湾西断層（青森湾西岸断層帯）
03 寒河江－山辺断層（山形盆地西縁断層帯）
04 観音寺断層（庄内平野東縁断層帯）
05 棚倉西・東断層（棚倉構造帯）
06 丹那断層（北伊豆断層帯）
07 静岡－小淵沢断層（糸魚川－静岡断層構造線）
08 糸魚川－静岡断層（糸魚川－静岡断層構造線）
09 赤石断層（中央構造線）
10 跡津川断層（跡津川断層帯）
11 阿寺断層（阿寺断層帯）
12 根尾谷案断層（濃尾断層帯）
13 養老断層（養老－桑名断層帯）
14 柳ヶ瀬断層（柳ヶ瀬断層帯）
15 比良断層（琵琶湖西岸断層帯）
16 花折断層（花折断層帯）
17 五月丘断層（有馬－高槻断層帯）
18 生駒断層（生駒断層帯）
19 上町断層（上町断層帯）
20 諏訪山断層（六甲－淡路島断層帯）
21 安富・土万・大原断層（山崎断層帯）
22 伊賀断層（木津川断層帯）
23 多気断層（中央構造線）
24 根来断層（中央構造線）
25 池田断層（中央構造線）
26 石鎚断層（中央構造線）
27 長者ヶ原断層（長者ヶ原－芳井断層帯）
28 筒賀断層（筒賀断層帯）
29 大竹断層（大竹－岩国断層帯）
30 菊川断層（菊川断層帯）
31 西山断層（西山断層帯）
32 日奈久断層（日奈久断層帯）
33 人吉断層（人吉盆地南縁断層帯）
34 鹿児島湾東縁・西縁断層（鹿児島湾東縁・西縁断層帯）

203

掲載活断層データ一覧

章	都道府県	掲載断層名	長さ(約km)	断層帯名
01	北海道	泉郷断層	7	石狩低地東縁断層帯主部
02	青森県	青森湾西断層	18	青森湾西岸断層帯
03	山形県	寒河江－山辺断層	13	山形盆地西縁断層帯
04	山形県	観音寺断層	8	庄内平野東縁断層帯
05	茨城県	棚倉西・東断層	25以上・20	棚倉構造帯
06	静岡県	丹那断層	32	北伊豆断層帯
07	静岡県	静岡－小淵沢断層	120	糸魚川－静岡構造線
08	新潟県	糸魚川－静岡断層	20	糸魚川－静岡構造線
09	長野県	赤石断層	53	中央構造線
10	岐阜県	跡津川断層	69	跡津川断層帯
11	岐阜県	阿寺断層	35	阿寺断層帯
12	岐阜県	根尾谷断層	36	濃尾断層帯
13	岐阜県	養老断層	40	養老－桑名断層帯
14	滋賀県	柳ヶ瀬断層	23	柳ヶ瀬断層帯
15	滋賀県	比良断層	23	琵琶湖西岸断層帯
16	滋賀県～京都府	花折断層	46	花折断層帯
17	大阪府	五月丘断層	5	有馬－高槻断層帯
18	大阪府	生駒断層	21	生駒断層帯
19	大阪府	上町断層	22	上町断層帯
20	兵庫県	諏訪山断層	23	六甲－淡路島断層帯
21	兵庫県	安富・土万・大原断層	19・21・33	山崎断層帯主部
22	三重県	伊賀断層	17	木津川断層帯
23	三重県	多気断層	22	中央構造線
24	和歌山県	根来断層	20	中央構造線
25	徳島県	池田断層	47	中央構造線
26	愛媛県	石鎚断層	37	中央構造線
27	広島県	長者ヶ原断層	10	長者ヶ原－芳井断層帯
28	広島県	筒賀断層	16	筒賀断層帯
29	広島県	大竹断層	26	大竹－岩国断層帯
30	山口県	菊川断層	24	菊川断層帯
31	福岡県	西山断層	41	西山断層帯
32	熊本県	日奈久断層	37	日奈久断層帯
33	熊本県	人吉断層	22	人吉盆地南縁断層帯
34	鹿児島県	鹿児島湾東縁・西縁断層	17・16	鹿児島湾東縁・西縁断層帯

①主要活断層の長期評価(政府地震調査研究推進本部)②活断層データベース(産総研活断層研究センター)の資料をもとに著者作成

長さ (約km)	断層の型	隆起した側	平均変位速度 (m/千年)
66	逆	東	0.4 [上下] 以上
31	逆	西	0.8
60	逆	西	1
24 [北部] + 17 [南部]	逆	東	0.5 [南部] 〜 2 [北部]
240 以上	左横ずれ・逆	西・東	-
70	逆・左横ずれ	東	2
300	逆	西	-
300	逆	西	-
1000 以上	右横ずれ	-	-
69	右横ずれ	北西	3.1
70	左横ずれ	北東	2.9
50	左横ずれ	-	1.9
60	逆	南西	4.8
36	左横ずれ	東	0.5
43	逆	西	0.5
58	右横ずれ	東	-
55	右横ずれ	北	0.7
38	逆	東	0.5 〜 1
42	逆	東	0.6
71	逆・右横ずれ	北西	2 [水平]、0.4 [上下]
79	左横ずれ	北東	1 [水平]、0.1 [上下]
31	逆・右横ずれ	北	0.1 〜 0.6 [上下]
1000 以上	逆	北	-
1000 以上	逆・右横ずれ	北	1 〜 3 [水平]、0.1 〜 0.3 [上下]
1000 以上	逆・右横ずれ	北	4.9
1000 以上	右横ずれ	南	2
30	右横ずれ	-	0.1
16	右横ずれ	-	-
58	右横ずれ	西	0.1
44	逆・左横ずれ	北東	0.3
79	左横ずれ	-	1.2
81	右横ずれ	南東	0.8
22	正	南東	0.3
33	正	東・西	-

おわりに

　私が初めて活断層に興味を持ったきっかけは、40年ほど前に出会った『大地の動きをさぐる』（杉村新著、岩波書店）という本である。断層とは何か、また地形をよく観察すれば活断層の位置が分かることをこの本に教えられ、以後機会があるごとに、様々な活断層地形や露頭を見に行った。特に、地震が起きた時まれに地表に現れる活断層は、できる限り現地を訪れて観察した。

　そのうち、出かけなくても地形図を眺めれば断層による地形が見えてくることが、しだいに分かってきた。地形図は本当に興味が尽きない図面である。それが今では3Dで表現できるようになり、おかげでより分かりやすく、簡単に、断層地形を探すことができるようになった。とはいえ、慣れない方には3D地形図での探し方も分かりにくいことと思う。本書がその手助けになれば幸いである。

　現在の日本の地形は、過去の大地の活動の歴史である。なかでも断層は、地震が繰り返し起きた証だといえる。地形を通して過去の断層活動を推測していると、日本に住む人々は何度も災害の被害を受けつつ、その結果生まれた地形や地質をたくみに利用して、たくましく営みを行ってきたことが実感できる。ぜひ国土地理院のウェブサイトなどを利用して、掲載した以外の断層についても、観察していただきたいと思う。

　本書をまとめるにあたっては、多くの資料や論文を参考にさせていただいた。この場を借りてお礼を申し上げる。遠方の断層への訪問・撮影には井上博司さんが付き合ってくれた。また、図版のいくつかはモンキャラメルの方々が作成してくれた。undersonの堀口努さんは、前作の石の図鑑に引き続き素敵なデザインの本に仕上げてくださった。そして何より創元社の山口泰生さんと小野紗也香さんによる企画編集の力に大きく頼った。これらの方々にも心から感謝したい。

柴山　元彦

《参考文献・ウェブサイト》

池田安隆・島崎邦彦・山崎晴雄『活断層とは何か』（東京大学出版会、1996年）
活断層研究会編『新編日本の活断層―分布図と資料』（東京大学出版会、1991年）
金折裕司『甦る断層』（近未来社、1993年）
産業技術総合研究所活断層研究センター地球科学情報研究部門海洋資源環境研究部門編
　『地震と活断層―過去から学び、将来を予測する』（丸善、2004年）
自然環境研究オフィス『街道散歩』（東方出版、2013年）
島崎邦彦・松田時彦編『地震と断層』（東京大学出版会、1994年）
杉村新『大地の動きを探る』（岩波書店、1982年）
中川康一監修、大阪地域地学研究会『街道と活断層を行く』（東方出版、2001年）
松田時彦『動く大地を読む』（岩波書店、1992年）
松田時彦『活断層』（岩波書店、1995年）
横山卓雄『あなたの下にも活断層―地震とうまくつき合うために』（京都自然史研究所、
　1995年）

地理院地図（国土地理院）
http://maps.gsi.go.jp/

都市圏活断層図（国土地理院）
http://www.gsi.go.jp/bousaichiri/active_fault.html

20万分の1日本シームレス地質図（産業技術総合研究所地質調査総合センター）
https://gbank.gsj.jp/seamless/

活断層データベース（産業技術総合研究所地質調査総合センター）
https://gbank.gsj.jp/activefault/index_gmap.html

主要断層帯の長期評価（政府 地震調査推進本部）
http://www.jishin.go.jp/evaluation/long_term_evaluation/major_active_fault/

柴山 元彦　Motohiko Shibayama

自然環境研究オフィス代表、理学博士。NPO法人「地盤・地下水環境NET」理事。大阪市立大学、同志社大学非常勤講師。1945年大阪市生まれ。大阪市立大学大学院博士課程後期修了。38年間高校で地学を教え、大阪教育大学附属高等学校副校長も務める。定年後、地学の普及のため「自然環境研究オフィス」を開設、地学関係の講座を開講したり、インドネシアの子供向け防災パンフの仕掛け絵本の作成及び現地での頒布などの活動を行っている。著書に『ひとりで探せる川原や海辺のきれいな石の図鑑』、共著に『自然災害から人命を守るための防災教育マニュアル』(いずれも創元社) ほか多数。

3D地形図で歩く日本の活断層

2016年7月20日　第1版第1刷　発行

著者　柴山元彦

発行者　矢部敬一

発行所　株式会社　創元社
　　　　http://www.sogensha.co.jp/
　　　本　社　〒541-0047　大阪市中央区淡路町4-3-6
　　　　　　　Tel. 06-6231-9010 (代)　Fax. 06-6233-3111
　　　東京支店　〒162-0825　東京都新宿区神楽坂4-3 煉瓦塔ビル
　　　　　　　Tel. 03-3269-1031

デザイン　堀口努 (underson)

印刷所　図書印刷株式会社

©2016 SHIBAYAMA Motohiko, Printed in Japan
ISBN978-4-422-45002-5　C0044
〈検印廃止〉落丁・乱丁のときはお取り替えいたします。

JCOPY　〈(社) 出版者著作権管理機構 委託出版物〉
本書の無断複写は著作権法上での例外を除き禁じられています。
複写される場合は、そのつど事前に、(社) 出版者著作権管理機構
(電話 03-3513-6969、FAX 03-3513-6979、e-mail: info@jcopy.or.jp)
の許諾を得てください。